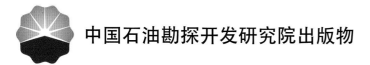

中国石油勘探开发研究院出版物

构造变形与油气成藏实验和数值模拟技术系列丛书·卷四

主编　赵孟军　刘可禹　柳少波

U0210955

油气成藏物理模拟实验技术与应用

姜林　洪峰　等◎著

Hydrocarbon Accumulation Physical Simulation
Techniques and Their Applications

科学出版社
北　京

内 容 简 介

本书系统介绍了物理模拟实验技术的发展、实验技术的研发和应用。内容涉及一维、二维、三维油气运移物理模拟，构造变形与油气运移物理模拟，显微油气运移可视化物理模拟等油气运移聚集物理模拟技术；散样模型孔渗性测定、临界充注压力测试、致密储层含油气饱和度测试、油气二次运移过程中组分变化等油气成藏动力学物理模拟技术；以及这些技术在沁水盆地煤层气、吉林致密油、四川盆地致密砂岩气、前陆冲断带成藏机制研究中的应用等。本书内容涉及面广，基本反映了我国油气成藏物理模拟实验技术的新进展。

本书可供从事油气物理模拟实验技术人员、油气成藏地质研究人员和高等院校相关专业师生参考。

图书在版编目（CIP）数据

油气成藏物理模拟实验技术与应用=Hydrocarbon Accumulation Physical Simulation Techniques and Their Applications / 姜林等著. —北京：科学出版社，2019.10

（构造变形与油气成藏实验和数值模拟技术系列丛书/赵孟军，刘可禹，柳少波主编；卷四）

ISBN 978-7-03-061031-7

Ⅰ.①油… Ⅱ.①姜… Ⅲ.①油藏模拟－物理模拟 Ⅳ.①TE319

中国版本图书馆 CIP 数据核字（2019）第 068976 号

责任编辑：吴凡洁 冯晓利 / 责任校对：王萌萌
责任印制：师艳茹 / 封面设计：无极书装

科学出版社 出版
北京东黄城根北街 16 号
邮政编码：100717
http://www.sciencep.com
三河市春园印刷有限公司 印刷
科学出版社发行 各地新华书店经销
*
2019 年 10 月第 一 版　开本：787×1092 1/16
2019 年 10 月第一次印刷　印张：13 3/4
字数：306 000
定价：198.00 元
（如有印装质量问题，我社负责调换）

本书主要作者

姜　林　　洪　峰　　赵孟军　　柳少波

刘可禹　　卓勤功　　公言杰　　马行陟

田　华　　郝加庆　　孟庆洋

进入 21 世纪以来，我国油气勘探进入一个新阶段，以湖盆三角洲为主体的岩性油气藏、复杂构造为主体的前陆冲断带油气藏、复杂演化历史的古老碳酸盐岩油气藏、高温高压为特征的深层油气藏、低丰度连续分布的非常规油气藏已成为勘探的重要对象，使用传统的手段和实验技术方法解决这些勘探难题面临较大的挑战。自 2006 年以来，在中国石油天然气集团公司科技管理部主导下，先后在中国石油下设研究机构和油田公司建立了一批部门重点实验室和试验基地，盆地构造与油气成藏重点实验室就是其中的一个。盆地构造与油气成藏重点实验室依托中国石油勘探开发研究院，大致经历了三个阶段：2006 年至 2010 年的主要建设时期、2010 年正式挂牌到 2012 年的试运行时期和 2013 年以来的发展时期。盆地构造与油气成藏重点实验室建设之前，我院构造、油气成藏研究相关的实验设备和实验技术基本为空白。重点实验室围绕含油气盆地形成与构造变形机制、油气成藏机理与应用和盆地构造活动与油气聚集等三大方向，重点开展了油气成藏年代学实验分析、构造变形与油气成藏物理模拟和数值模拟技术系列的能力建设，引进国外先进实验设备 35 台/套，自主设计研发物理模拟等实验装置 11 台/套。

通过 10 年来的实验室建设与发展，形成了物理模拟、数值模拟、成藏年代学、成藏参数测定等四大技术系列的 31 项单项技术，取得了 5 个方面的实验技术方法重点成果：创新形成了以流体包裹体、储层沥青、自生伊利石测年等为核心的多技术综合应用的油气藏测年技术，有效解决了多期成藏难题；自主设计制造了全自动定量分析构造变形物理模拟系统，建立了相似性分析参数模板，形成了应变分析和三维重构技术；利用构造几何学和运动学分析，构建三维断层、地层结构，定量恢复三维模型构造应变分布，形成了构造分析与建模技术；自主研发了油气成藏物理模拟系统，为油气运移动力学、运聚过程、变形与油气运移、成藏参数测定等研究提供了技术支持；利用引进的软件平台，开发了适合我国地质条件的盆地模拟技术、断层分析评价技术和非常规油气概率统计资源评价方法。

"构造变形与油气成藏实验和数值模拟技术"系列丛书是对实验室形成的技术方法的全面总结，丛书由五本专著构成，分别是：《油气成藏年代学分析技术与应用》（卷一）、《非常规油气地质实验技术与应用》（卷二）、《油气成藏数值模拟技术与应用》（卷三）、《油气成藏物理模拟实验技术与应用》（卷四）、《构造变形物理模拟与构造建模技术及应用》（卷五）。丛书中介绍的实验技术与方法来自三个方面：一是实验室建设过程中研究人员与实验人员共同开发的技术成果，其中包括与国内外相关机构和实验室的合作成果；二是对前人建立的实验技术与方法的完善；三是基于丛书主线和各专著需求，总结国内外已有的实验技术与方法。

"构造变形与油气成藏实验和数值模拟技术"系列丛书是该重点实验室建设与发展成果的总结，是组织、参与实验室建设的广大科研人员和实验人员集体智慧的结晶。在这里，我们衷心感谢盆地构造与油气成藏重点实验室建设时期的领导和组织者、第一任重点实验室主任宋岩教授，正是前期实验室建设的大量工作，奠定了重点实验室技术发展和系列丛书出版的基础；衷心感谢以贾承造院士、胡见义院士为首的重点实验室学术委员会，他们在重点实验室建设、理论与技术发展方向上发挥了指导和引领作用；感谢重点实验室依托单位中国石油勘探开发研究院相关部门的支持与付出；同时感谢中国石油油气地球化学和油气储层重点实验室的支持和帮助。

希望通过丛书的出版，让更多的研究人员和实验人员关注构造与油气成藏实验技术，推动实验技术的发展；同时，我们也希望通过这些技术方法在相关研究中的应用，带动构造与油气成藏学科的发展，为国家的油气勘探和科学研究做出一份贡献。

赵孟军　刘可禹　柳少波

2015 年 7 月 1 日

前言

　　科学实验是现代科学发展的一个重要支撑，也是石油地质理论研究的一种极其重要的手段和方法。油气成藏物理模拟实验是油气二次运移理论发展的基础，自21世纪以来，许多学者一直重视油气二次运移和聚集模拟实验研究。随着油气勘探理论的拓展和科技的进步，实验技术也在不断进步，从一维物理模拟技术向三维物理模拟技术，从宏观的模拟技术到微米、纳米级的模拟技术发展，从可模拟常温常压地质条件下的油气运移聚集机理向可模拟高温高压地质条件下油气运移聚集机理发展。总的来说，物理模拟技术的发展更加趋向于地下实际地质条件的模拟，解决油气成藏中的难题，促进了油气运移和聚集理论的发展。

　　油气成藏物理模拟技术的起源可追溯到20世纪初，起初由于实验技术的限制，物理模拟实验技术趋于简单，一般是根据油气运移聚集机理，自己设计制作实验设备，获得实验结果用于验证自己的假设，对认识油气运移聚集机理起到重要的推动作用。但随着实验技术的进步和油气勘探面临的新问题，油气运移聚集经历一个漫长的过程，在现实中不能被人直接观察到，因此，借助物理模拟实验去观察和解释油气运移和聚集就显得更加重要和迫切。基于这种油气运移聚集理论辅助技术的重要性，油气运移聚集物理模拟实验随之普遍被科研工作者应用，如国外学者Munn，为了研究石油在水中运移方向，进行了流动的水对石油在地层内分布的影响的物理模拟实验；Hubbert设计了动水条件下油、气、水界面倾斜实验，根据实验现象分析浮力、烃动力和毛细管力对油气运移的控制作用。20世纪90年代，我国学者也开始重视物理模拟在油气运移和聚集研究上的应用，开展对油气运聚物理模拟实验的探索，技术日趋成熟，如孔令荣等在两片优质玻璃板之间粘入砂岩薄片进行两相驱替实验，讨论排驱和吸入过程的驱替方式，自吸现象及残余油、水的形成机制；曲志浩等利用安山岩光刻复制微观孔隙模型进行了自吸水驱油实验，研究了自吸水驱油机理，提出了活塞式和非活塞式两种水驱油方式；周惠忠和王利群针对具体油藏的模拟，设计了二维物理模拟装置，用于采油机理研究；陈章明等设计将油注入砂箱来进行凸镜状砂体聚油模拟实验及其机理分析，表明源内透镜体有利于聚油。进入21世纪，我国油气运移聚集物理模拟实验快速发展，中国石油大学、中国科学院地质与地球物理研究所、东北石油大学、中国石油勘探开发研究院等纷纷开展了油气运移聚集物理模拟实验的技术研发和研究。如曾溅辉和王洪玉设计了二维可视模型进行非均质性层间、正反韵律层油气运聚模拟实验；康永尚等利用裂缝网络模型进行石油在饱和水裂缝介质中运移的物理模拟实验；庞雄奇等设计漏斗状毛细玻璃管来进行封气门限实验，探讨深盆气成藏机理；张发强等利用填装玻璃微珠的管状玻璃管模型，观察油在饱和水的孔隙介质内的渗流规律和优势运移路径；付晓飞等基于天然气沿断裂"泵吸"运移机制，根据相似性原理建立了相应的微缩实验模型(三维模型)并开展了物理模拟；姜林等利用一维玻璃管模型研究了油气二次运移过程中运移效率、组分的变化等。这充分体现了油气运移聚集物理模拟实验技术由无到有、由弱到强的发展，设备也由简单手工制作到系统集成商业开发。

基于油气运移物理模拟实验技术在油气地质理论和勘探实践的重要性，中国石油天然气集团公司盆地构造与油气成藏重点实验室将这一技术作为重点实验室的特色技术来进行研发。伴随重点实验室的成长，从最初的构造变形与油气运移物理模拟装置的研发至今，已经拥有了一维油气运移物理模拟装置、二维油气运移聚集物理模拟装置、三维高温高压物理模拟装置、成藏动力学物理模拟装置、地球化学示踪物理模拟装置等标志性设备，辅以流体物理参数测定和微米 CT 等标准设备，形成了系统的油气运移聚集物理模拟技术。这些设备研发以国内外现有油气物理模拟实验设备为基础，博采众长，充分考虑了不同地质条件下的地质边界条件，形成了以揭示常规和非常规油气成藏机理为主的特色技术。该特色技术被应用于前陆复杂构造区油气成藏、致密储层油气成藏、煤层气成藏和岩性-地层油气成藏等机理和模式的研究，对我国不同类型含油气盆地油气藏的形成过程和模式起到重要的支撑，尤其是在复杂构造区油气成藏和非常规油气成藏机理的探索上效果显著。

本书基于现有国内外有关油气运移聚集物理模拟实验文献的调研成果和重点实验室研发的物理模拟实验技术及其应用编撰而成，内容涉及油气运移聚集物理模拟实验技术发展现状、流体物理参数测定方法及应用，以及可视物理模拟实验方法和应用等，是一部实验技术与应用紧密结合的著作。本书前言由姜林、洪峰、赵孟军等编写；第一章由姜林、柳少波、洪峰等编写；第二章由马行陟、田华、郝加庆、卓勤功等编写；第三章由姜林、洪峰、公言杰、郝加庆等编写；第四章由姜林、洪峰、公言杰等编写；第五章由姜林、洪峰、刘可禹、卓勤功、公言杰、孟庆洋、马行陟等编写。

本书的出版，得到盆地构造与油气成藏重点实验室主任宋岩教授、中国石油勘探开发研究院石油地质实验研究中心主任张水昌教授等专家的指导，在此表示衷心感谢。

目
录

丛书序

前言

第一章 油气运移聚集物理模拟研究现状 ································· 1

  第一节 发展历程 ·· 1

    一、探索实现阶段(20世纪初至20世纪50年代) ················· 1

    二、成熟完善阶段(20世纪50年代至20世纪末) ················· 1

    三、创新发展阶段(21世纪以来) ······························· 2

  第二节 技术现状 ··· 14

    一、一维物理模拟技术 ·· 14

    二、二维和三维物理模拟技术 ······································ 15

第二章 油气成藏参数测定技术 ··································· 18

  第一节 成藏流体参数测定技术 ······································ 18

    一、流体密度的测量 ·· 18

    二、流体流变性测量 ·· 22

    三、表面/界面张力测量 ··· 28

    四、气体溶解度测定 ·· 33

  第二节 储层参数测定 ·· 38

    一、孔隙度测定 ·· 38

    二、渗透率测定 ·· 41

    三、岩石吸附能力测定 ·· 46

    四、岩石润湿性测量 ·· 52

  第三节 盖层参数测定 ·· 57

    一、突破压力测试 ·· 57

    二、气体扩散系数测试 ·· 59

    三、岩石轴应力应变测试 ·· 63

第三章 油气运移聚集物理模拟技术 ······························· 74

  第一节 一维油气运移物理模拟技术 ·································· 74

    一、技术研发 ·· 74

    二、实验流程 ·· 75

    三、应用实例 ·· 75

  第二节 二维油气运移聚集物理模拟技术 ······························ 78

    一、技术研发 ·· 78

    二、实验流程 ·· 80

    三、应用实例 ·· 80

第三节　三维高温高压物理模拟技术 ……………………………………………85
　　一、技术研发 ……………………………………………………………………85
　　二、实验流程 ……………………………………………………………………88
　　三、应用实例 ……………………………………………………………………89
第四节　构造变形与油气运移物理模拟技术 ……………………………………91
　　一、技术研发 ……………………………………………………………………91
　　二、实验流程 ……………………………………………………………………92
　　三、应用实例 ……………………………………………………………………93
第五节　显微油气运移可视化物理模拟技术 …………………………………102
　　一、技术研发 …………………………………………………………………102
　　二、实验流程 …………………………………………………………………103
　　三、应用实例 …………………………………………………………………104

第四章　油气成藏动力学物理模拟技术 ………………………………………107
第一节　散样模型孔渗性测定技术 ……………………………………………107
　　一、技术研发 …………………………………………………………………107
　　二、实验流程 …………………………………………………………………108
　　三、应用实例 …………………………………………………………………109
第二节　临界充注压力测试实验技术 …………………………………………111
　　一、技术研发 …………………………………………………………………112
　　二、实验流程 …………………………………………………………………112
　　三、应用实例 …………………………………………………………………113
第三节　致密储层含油气饱和度测试实验技术 ………………………………114
　　一、技术研发 …………………………………………………………………115
　　二、实验流程 …………………………………………………………………115
　　三、应用实例 …………………………………………………………………116
第四节　原油二次运移过程中组分变化物理模拟实验技术 …………………116
　　一、研究现状 …………………………………………………………………117
　　二、实验流程 …………………………………………………………………117
　　三、应用实例 …………………………………………………………………118
第五节　天然气二次运移物理模拟实验技术 …………………………………125
　　一、研究现状 …………………………………………………………………125
　　二、实验流程 …………………………………………………………………126
　　三、应用实例 …………………………………………………………………126

第五章　油气成藏物理模拟技术应用 …………………………………………132
第一节　沁水盆地南部煤层气富集机制 ………………………………………132
　　一、成藏地质特征 ……………………………………………………………132
　　二、物理模拟实验 ……………………………………………………………135
　　三、煤层气成藏过程 …………………………………………………………137
　　四、煤层气富集高产区形成模式 ……………………………………………144
第二节　吉林扶余油层致密油成藏机制 ………………………………………147
　　一、成藏地质特征 ……………………………………………………………147
　　二、物理模拟实验 ……………………………………………………………148

三、致密油含油性控制因素 ···151
四、倒灌成藏模式 ···157
第三节　四川盆地川中须家河组致密砂岩气藏成藏机理 ·······················159
一、成藏地质特征 ···160
二、物理模拟实验 ···161
三、渗流机理分析 ···162
四、分布规律及有利区预测 ···166
第四节　前陆冲断带构造变形过程中断-盖组合控藏机制 ·······················170
一、构造挤压过程中断-盖组合类型 ···170
二、克拉苏构造带断-盐组合控藏机制 ···171
三、霍-玛-吐构造带断-泥组合控制机制 ···183
四、狮子沟-英雄岭构造带断-泥组合控制机制 ···190

参考文献 ···203

第一章　油气运移聚集物理模拟研究现状

第一节　发展历程

据国内外相关文献的调研，油气成藏物理模拟技术起步于 20 世纪初，国外学者首先应用物理模拟技术进行现象的解释和理论的论证。随着物理模拟实验在油气运移聚集研究中的作用突显，我国学者也逐渐重视物理模拟实验的研发和利用，从 20 世纪末期到 21 世纪初，我国油气物理模拟实验取得了长足的发展，并普遍应用到油气地质理论的研究。

一、探索实现阶段（20 世纪初至 20 世纪 50 年代）

Munn(1909)进行了流动的水对石油在地层内分布影响的实验，证实石油沿着水流动方向移动，油水界面发生倾斜，据此，Munn(1909)提出了石油运移的水力说。Illing(1933)进行了水和石油通过某些粗细交替砂层流动的实验，结果表明，流动的水可以促进油水的重力分异，小孔隙的岩层可允许水通过，石油则留下来并聚集在孔隙大的岩层中。20 世纪 50 年代，Hubbert(1953)进行了动水条件下油、气、水界面倾斜实验，证实动水条件下油-水界面发生倾斜，同时将浮力、烃动力和毛细管力作为运移的控制因素开展了相应的定量实验，最早提出了流体势的概念。

二、成熟完善阶段（20 世纪 50 年代至 20 世纪末）

20 世纪 60 年代，开始注意到界面张力、润湿性、喉道半径等微观的实验参数对油气运移过程的控制作用(Berg, 1975)，为此研制了油气微观运移模型，并在以下四个方面取得重大突破：①研究孔隙(裂隙)结构对油气运移的影响。孔令荣等(1991)、曲志浩等(1992)、孙卫(1994)利用微观模型研究了油气二次运移过程及复杂孔隙系统中油驱水或水驱油的过程。康永尚等(2002)设计了光蚀刻透明模型，模型中有四组裂缝，共采用两套模型：一是横向裂缝组为主裂缝组(主裂缝组的缝宽最大)，纵向为次要裂缝组(次要裂缝组的缝宽最小)，斜交的两组为中等裂缝组(中等裂缝组缝宽居中)；二是横向裂缝组为次要裂缝组，纵向裂缝组为主裂缝组，斜交的两组裂缝组为中等裂缝组，在裂缝介质石油运移物理模拟实验装置中研究了裂缝系统油气运移机理及过程(图 1-1)，认为裂缝网络介质中石油运移是复杂的运移过程，在饱含水介质中，油主要沿宽缝方向运移，宽缝对油气运移起主导作用。②探讨介质的润湿性对油气运移的影响机制。③了解油气运移的动力学机制。Lenormand 等(1988)利用这种微观模型，研究了孔隙介质中非混溶驱替过程，他们利用毛细管数和黏性比值系数将毛细管力和黏性力对油气运移的影响概化为三种现象：黏性指进、毛细指进和稳定驱替。④研究油气运移特征和油的分布及运聚效率。

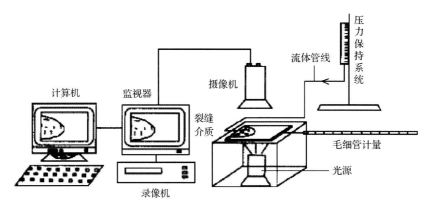

图 1-1 裂缝介质石油运移物理模拟实验装置(据康永尚等，2002)

Meakin(2000)利用网络模型做了基于浮力条件下的油气运移实验，在机理上证明了石油发生优势运移是一种典型的逾渗现象。罗晓容(2001)、张发强等(2003)开展同样的模拟实验，采用长玻璃管填玻璃微珠模型，并用核磁共振仪检测含油饱和度的方法，认为油气微观运移通道只走渗透性地层有限范围。油气在输导层内的二次运移是一个极不均一的过程(Schowalter，1979)。Dembicki 和 Anderson(1989)及 Catalan 等(1992)也通过油气运移物理模拟实验证实，油气在砂岩模型中的运移是非常不均一的，在盆地尺度上油气运移通道的体积占储层体积的比例很小，运移路径的体积大约只占全部输导层通道的 1%～10%(Schowalter，1979；England，1987；Dembicki and Anderson，1989；Catalan et al.，1992)。在输导层物性确定的条件下，单纯浮力以及相对较小的驱动力是油气形成优势二次运移路径的重要因素(张发强等，2003，2004)。

三、创新发展阶段(21 世纪以来)

21 世纪以来，随着检测设备和分析仪器的发展，针对油气勘探活动中存在的技术问题，人们正试图通过大尺度的物理模拟实验来研究隐蔽油气藏、深盆气藏等油气藏的成藏机理(陈章明等，1998；曾溅辉和王洪玉，2000)，模拟高温、高压条件下的油气运移、天然气水溶对流、油气水混相涌流，探讨在地质圈闭或沉积岩层中，油气运移和聚集的动力学机制，分析地应力、水动力强度、圈闭几何形态、储集层岩性特征以及流体性质对油气运移和聚集的影响。特别是大尺度可视化实验设备的成功设计，开始针对油气藏解剖的结果开展油气运聚成藏过程物理模拟(曾溅辉和王洪玉，2001b；付晓飞等，2004)。

1. 砂岩透镜体成藏机理物理模拟

陈章明等(1998)在我国最早开展砂岩透镜体成藏机理物理模拟实验，实验的核心技术是箱体首次实现可视化，同时在箱体中埋放电极，通过电阻率变化检测油的运移过程(图 1-2)，模拟实验表明，源岩层内的凸镜状砂岩油藏形成机理，是毛细管作用与烃源岩排烃压力促使油与水的交替后油聚集成藏的。烃源岩外凸镜体砂岩在有缝隙沟通源岩与砂体时，也由上述机理形成油藏。以断层为主要通道，石油可跨越泥岩层而向下伏砂岩等孔隙岩体运移聚集成藏。随后陈冬霞等(2004)建立核磁共振实验模型研究砂岩透镜体聚油机理，模型由长 12cm，外径 D_1 为 6cm，内径 D_2 为 5cm 的有机玻璃空心管构成。实验时管中放置用石英砂人工胶结的圆柱体岩心，圆柱体横切面长径 D_3 为 2.5cm，高 H_1 为 4cm。岩心圆柱体四周被泥质(玻璃微珠成分为石英砂，粒径小于 0.1mm)包围，管直立，进行实验时，将有机玻璃管放入中间容器，中间容器两端加压封闭，并放入恒温箱内加温，定期取出岩样进行核磁共振扫描，核磁共振物理模拟实验证实：孤立的砂岩体只有在接触或被烃源岩包裹，并且生油气源岩进入供烃门限的前提下才能成藏；在围岩具备供烃能力的情况下，孤立砂体能否聚集成藏取决它是否进入了聚烃门限或聚烃的临界地质条件。

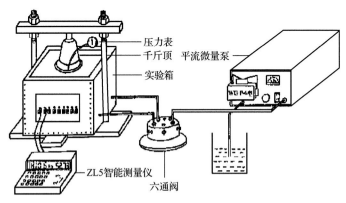

(a) 凸镜状砂体聚油模拟实验装置图

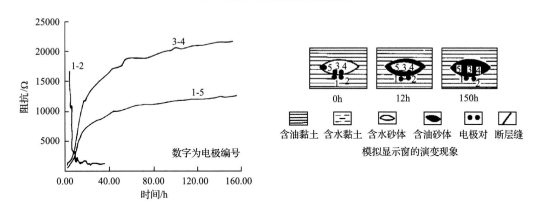

(b) 通过电阻率变化检测油水交替过程

图 1-2 砂岩透镜体聚油物理模拟(陈章明等，1998)

邱楠生等(2003)利用模拟实验探讨了渗透率级差对砂岩透镜体成藏的控制模式，即垂向上中等渗透率的砂体是油气运移和充注的首要目标，其充满度最大，在油气充足的情况下，渗透率最大的砂体是随后油气充注的理想场所。在渗透率级差更大的情况下，渗透率最大的砂体是油气充注的首选目标，充满度最高，其次向渗透率中等的砂体充注。在岩性圈闭的油气运聚成藏过程中，成藏的主要动力可能是地层压差，而不是浮力。

2. 深盆气藏成藏机理物理模拟

深盆气藏是特殊机理形成的一种储层致密的天然气藏，深盆气成藏过程中存在一个临界地质门限，这一门限可以用储气砂层的临界孔喉半径表达。只有在低于临界孔喉半径的致密砂层中，当深盆气分子膨胀力小于致密储层孔喉毛细管力与上覆水静压力之和时，天然气才能在水封条件下形成深盆气藏。已发现的所有深盆气藏的孔隙度均小于12%且渗透率均小于 $0.987 \times 10^{-3} \mu m^2$。庞雄奇等(2003)在常温常压下开展物理模拟实验，证实单一微细玻璃管直径大于 0.3cm 时，水不能封气而形成"深盆气藏"[图 1-3(a)]；漏斗状玻璃管的水封气门限为 0.102~0.359cm，且随夹角增大而减小，随注气速率增加而增加[图 1-3(b)]；单一填砂粗玻璃管的封气门限取决于所装砂粒粒径的大小，粒径小于0.1mm 的砂粒能够封住天然气。实验条件下和实际地质条件下的门限值差异大，反映了温压条件和介质的润湿性等因素对深盆气成藏门限的影响，不能将地表条件下的实验结果套用到实际地质条件中去。

马新华等(2004)开展深盆气"甜点"富气物理模拟(图 1-4)，深盆气富气区块形成演化要经历深盆气初期充注阶段、临界接触时刻阶段、"甜点"充气阶段、两气相连时刻阶段、气藏扩展阶段和调整共溶阶段共六个阶段。控制深盆气富气区块成藏机理的动力是气体膨胀力、毛细管力和浮力。它们在深盆气富气区块成藏过程的不同阶段具有不同的表现和控制作用，从而建立了实验条件下较完整的深盆气富气区块成藏序列及成因机理模式。

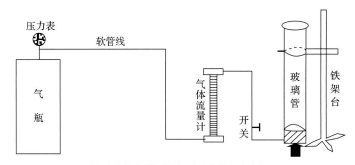

(a) 毛细玻璃管水封气临界孔喉直径模拟实验装置

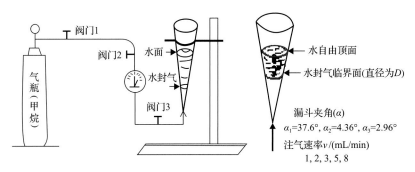

(b) 漏斗状毛细玻璃管封气门限物理模拟实验

图 1-3　深盆气成藏门限物理模拟(庞雄奇等，2003)

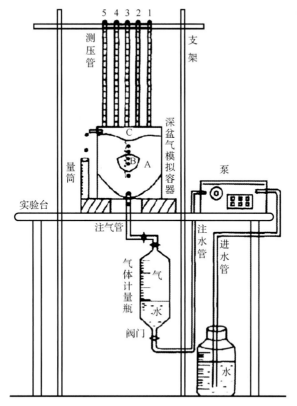

图1-4 深盆气富气区块物理模拟实验装置(马新华等，2004)

A-致密砂体；B-富气区块("甜点")；C-高渗透区

3. 水溶气成藏物理模拟

早在20世纪60年代,国外已有不少学者测定了烃类气体在水中的溶解度(Mcauliffe,1979),并提出水溶气藏形成的可能性。70年代,Price(1976)提出了可以用烃类在水中的溶解度研究石油初次运移,同时,在意大利、匈牙利、菲律宾、尼泊尔、伊朗和日本等国家相继发现了水溶性天然气藏并生产了水溶性天然气(Mcauliffe,1979);这些发现更增加了人们对天然气溶解实验研究的兴趣(Bonham,1978)。与国外相比,我国对水溶气运移成藏的研究起步较晚。我国学者孙永祥(1992)多次探讨了地下水对气藏形成的影响,郝石生和张振英(1993)研究了天然气在地层水中溶解度的变化特征,付晓泰等(1996)提出了气体在地层水中的两种主要溶解机理。上述研究工作主要是在不同的温压条件下探讨地层水对天然气溶解的一些物理参数,解决了水溶气量的问题,李剑等(2003)、刘朝露等(2004)对天然气以水溶相运移而形成的水溶气藏的一些地球化学参数的变化特征,如水溶气的组分组成及其碳氢同位素和轻烃特征进行了研究,实验装置如图1-5所示,装置是由长岩心夹持器、手动泵、中间容器、阀门、高压气瓶及一些管线组成,以长岩心夹持器为主体。采用实际岩心,根据不同的地层情况和地质条件,组成运、聚、盖圈闭系统,综合模拟天然气在岩石中的运聚特征和成藏过程。该装置具有以下特点:

①采用实际岩心,岩心柱最长可达 80cm,根据不同的地层实际情况,可以对不同物性的岩心进行组合。②实验装置耐高温高压。可模拟上覆地层压力 0~70MPa,气体充注压力 0~30MPa,实际温度为室温到 120℃。③岩心夹持器具有多测孔,可在不同长度段观测取样和检测天然气在运移过程中的特征参数和压力变化规律。实验结果表明:随着运移距离的增加,水溶气中的非烃 CO_2 含量普遍增大,烃类气体"甲烷化"趋势明显,C_{2+} 以上的含量随碳数升高而降低(至 C_5 含量基本可以忽略不计),轻烃组分中的苯和甲苯含量由低(气源)到高(运移距离近)再变低(运移距离远),甲烷碳同位素和氢同位素变化幅度均不大(仍具有略偏正的特征)。这些地球化学参数的变化特征对水溶气气藏的识别和油气运移的研究均具有重要的参考价值。

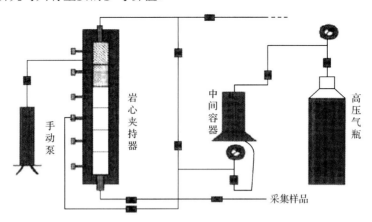

图 1-5 水溶气参数变化模拟装置示意图(刘朝露等,2004)

4. 均质和非均质砂层石油运移和聚集物理模拟

油气储层均质和非均质性对油气运移聚集有不同的影响。许多学者探讨了均质砂层油气运移和聚集规律(Catalan et al.,1992;Thomas et al.,1995),进行了石油在均质砂层中的运移和聚集物理模拟实验(图 1-6),实验结果具有两个主要特点:①当油垂向

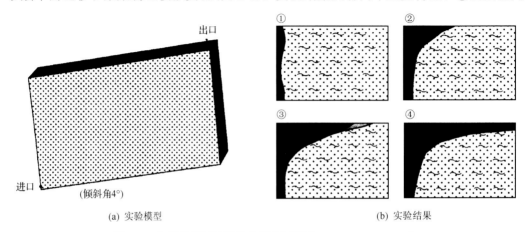

(a) 实验模型　　　　　　　　　　　　　　(b) 实验结果

图 1-6 均质砂层石油运移和聚集过程(Thomas et al.,1995)

充注进入砂层进行垂向运移时，油的运移通道比较宽，油可以发生大量的弥散作用，导致油垂向运移时散失量大；②当油在砂层进行侧向运移时，运移通道相对较窄，主要限于砂层顶部较小的区域，同时油的散失量也较小，运移效率较高。在此基础上，曾溅辉和王洪玉(2000)进一步开展物理模拟实验，所得实验结果与 Thomas 等(1995)基本一致。

层间非均质性对砂层的油水分布和含油饱和度起着至关重要的作用(图 1-7)，由于层间非均质性的存在，可以使高渗透率的砂层成为好油层，而渗透率相对较低的砂层为差油层，甚至为水层。当砂层上倾方向不存在封堵条件时，存在着使某些砂层含油范围和

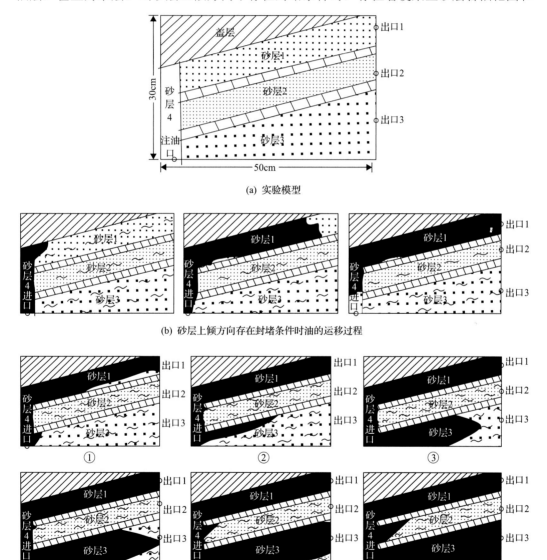

(a) 实验模型

(b) 砂层上倾方向存在封堵条件时油的运移过程

①　②　③

④　⑤　⑥

(c) 砂层上倾方向不存在封堵条件时油的运移过程

图 1-7　层间非均质性对石油运移和聚集的影响物理模拟(曾溅辉和王洪玉，2000)

含油饱和度发生变化的注油速率临界值,若注油速率小于该临界值,无论注油量多大,该砂层也不能成为含油层,只能成为油水同层或水层;反之,可以成为含油层。当油气沿高渗透砂体和开启性断层从下部进入上部并充注其侧面的储层时,由于浮力的作用,油气并不一定进入下部渗透率最大的砂层,而是优先进入上部渗透率中等的砂层,从而出现渗透率中等的砂层含油饱和度最高(为含油层),而渗透率最高的砂层含油饱和度反而较低(为油水层)的现象。

正韵律砂层石油运移和聚集具有如下规律(图 1-8):①在同一注油速率(注油压力)下,小级差的正韵律砂层比大级差的正韵律砂层更容易发生油的聚集,含油范围更大,而大级差的正韵律砂层中的油气主要沿其中渗透率较大的砂层运移,形成油气的优势运移通道,含油范围相对较小;②当注油速率小于 1.0mL/min 时,在同一注油速率下,油可以充注小级差的正韵律砂层内各个不同渗透率的砂层,并在其中运移,而大级差的正韵律砂层内,只有渗透率较大的底部和中部砂层才能充注油,并成为油运移的通道;③级差较小的正韵律砂层中,渗透率较小的砂层油充注所需的临界注油速率(注油压力)小于级差较大的正韵律砂层;④注油速率为 0.1mL/min 时,小级差的正韵律砂层内油的运移和分布达到稳态的注油时间和注油量均大于大级差的正韵律砂层,而注油速率为 0.5mL/min 时,则相反。

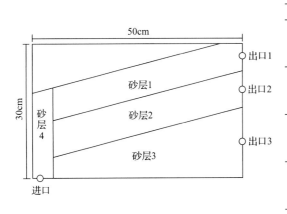

砂层	物性参数	模型 I	模型 II
1	粒度/mm	0.05~0.1	
	孔隙度	0.3	
	渗透率/$10^{-3}\mu m^2$	416.3	
2	粒度/mm	0.15~0.2	
	孔隙度	0.32	
	渗透率/$10^{-3}\mu m^2$	2266.3	
3	粒度/mm	0.25~0.3	0.4~0.45
	孔隙度	0.35	0.35
	渗透率/$10^{-3}\mu m^2$	5596.3	13366
4	粒度/mm	0.7~0.8	
	孔隙度	0.35	
	渗透率/$10^{-3}\mu m^2$	41600	

(a) 实验模型及实验参数

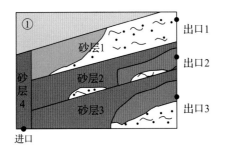
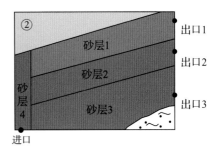

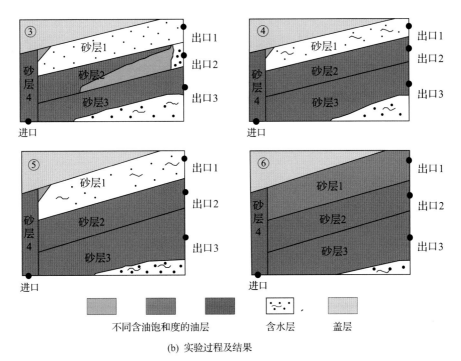

(b) 实验过程及结果

图 1-8　正韵律砂层石油运移和聚集过程（曾溅辉，2000）

①和②-模型 I ；③~⑥-模型 II

反韵律砂层油的运移二维模拟实验研究表明（图 1-9）：①反韵律砂层在油的运移过程中表现为顶部含油饱和度高，含油厚度小，含油层段平均运聚效率高，含油饱和度具有从上到下逐步降低的特点；②在反韵律砂层，油气的运移方向、路径和通道总体表现为自下而上，由复杂趋于简单，并主要受油气充注方向、充注速率和渗透率级差等条件的影响；③水动力既可以增加反韵律砂层油的运移效率，减小散失量，亦可以降低油的运移效

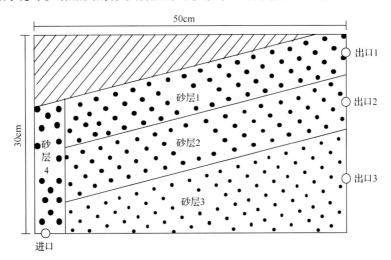

图 1-9　反韵律砂层油运移和聚集过程实验模型（曾溅辉和王洪玉，2001a）

率, 增加散失量, 当注水速率较小时, 可以增加反韵律砂层油的运移效率, 但注水速率较大时, 主要表现为降低油的运移效率; ④水动力作用降低了反韵律砂层中油的运移速率。

5. 断层输导系统油气运移和聚集机理物理模拟

张善文和曾溅辉(2003)从简单断裂到复杂断裂系统对油的运移和聚集的影响角度, 深入开展物理模拟实验, 在古近系油源断层对沾化凹陷新近系馆陶组石油运移和聚集影响的模拟实验中认识到(图 1-10): ①断层带的流体运动方式和运动相态对馆陶组石油的运移路径和方式构成重要的影响, 连续(稳态)充注条件下, 油首先充注断层带, 然后在馆陶组上段顶部侧向运移, 最后一部分油沿馆陶组下段砂层的顶部侧向运移, 但幕式(非稳态)充注条件下, 油首先充注断层下部和馆陶组下段, 随后充注断层上部, 并在馆陶组下段侧向运移而充注馆陶组上段, 并在馆陶组内部进行侧向运移。另外油-水两相充注时, 由于水动力的作用, 导致油和水的运移出现分异现象。②连续(稳态)充注条件下, 油的侧向运移发生在隔层上部(馆陶组上段)砂层, 而幕式(非稳态)充注条件下, 馆陶组上段和下段均发生了侧向运移, 其中单一油相充注时, 下部砂层油的侧向运移量大于上部砂层, 而油-水两相充注时, 上部砂层侧向运移量稍大于下部砂层。③连续(稳态)充注时有利于馆陶组上段砂层油的聚集, 而幕式(非稳态)充注时则有利于馆陶组下段砂层油的聚集。另外由于水动力作用的影响, 油-水两相充注时, 有利于馆陶组上段油的聚集。

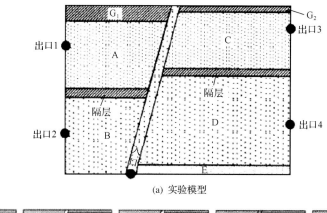

(a) 实验模型

(b) 单一油相连续(稳态)充注条件下(实验1)油的运移过程示意图

图 1-10 断层输导系统油气运移和聚集机理物理模拟(张善文和曾溅辉, 2003)

1~3-不同含油饱和度的油层(从 1→2→3 含油饱和度逐渐增大); 4-水层; 5-盖层

姜素华等(2005)针对东营凹陷中浅层油气成藏特点, 开展了断层面形态对石油运移和聚集影响的物理模拟实验(图 1-11): ①在幕式(非稳态)充注条件下, 断层面的形态对中浅层石油的运移路径和方式构成重要的影响，S 形断层面最有利于断层上、下盘砂层油的充注，这时油在砂层中的运移速率较大，而凹形断层面则有利于断层下盘砂层油的充注，凸形断层面有利于断层上盘砂层油的充注；②越陡、弯度越小的断层面越有利于油的运移，即通常所认为的凸形断层面对油气运移起发散作用，凹形断面对油气运移起汇集作用。

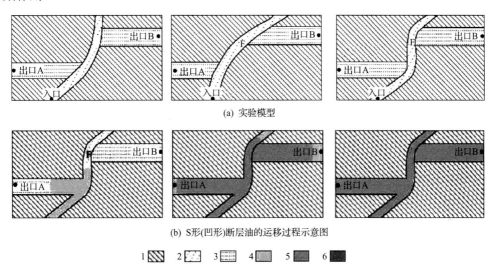

(a) 实验模型

(b) S形(凹形)断层油的运移过程示意图

1   2   3   4   5   6

图 1-11　断层面形态对石油运移的影响物理模拟(姜素华等，2005)

1-非渗透层；2-断层；3-砂层；4～6-不同含油饱和度的油层(其中从 4→5→6 含油饱和度逐渐变大)

6. 静水条件下背斜石油运移聚集过程物理模拟

曾溅辉和王洪玉(2001b)开展静水条件下背斜圈闭系统石油运移和聚集的模拟实验表明(图 1-12)：①不同砂层组合方式的背斜圈闭系统中，油的运移方向、路径和通道不同，其中，均质和反韵律砂层组成的背斜圈闭系统油的运移方向、路径和通道比较简单，而正韵律组成的背斜圈闭系统中油的运移方向、路径和通道比较复杂。②油的充注速率对油的运移方向、路径和通道具有重要的影响。当充注速率较小时，油仅在一些渗透率较高的砂层中运移；当充注速率较大并超过渗透率较高的砂层的运载能力时，则油可以进入一些渗透率较低的砂层。③运载层的岩性组合和渗透率级差以及油充注速率和充注方向等对油气运移的散失量和运移效率产生重要的影响，一般来说，反韵律砂层组成的背斜圈闭系统中油的运聚效率较高，均质砂层组成的背斜圈闭系统次之，而正韵律砂层组成的背斜圈闭系统中油的运聚效率比较低。④油的运移形式表现为跳跃和脉动的特点。

7. 基于典型油气藏解剖油气运聚成藏过程物理模拟

付晓飞等(2004)在详细分析库车拗陷典型构造地质模型基础上，基于天然气沿断裂"泵吸"运移机制并根据相似性原理建立了相应的微缩实验模型(三维模型)并开展了物理模拟实验(图 1-13)。结果表明，直接连接烃源岩和圈闭的盐下断裂是天然气运移效率

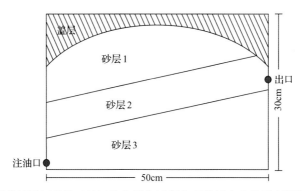

图 1-12　静水条件下背斜圈闭系统石油运移和聚集过程物理模拟实验模型(曾溅辉和王洪玉，2001b)

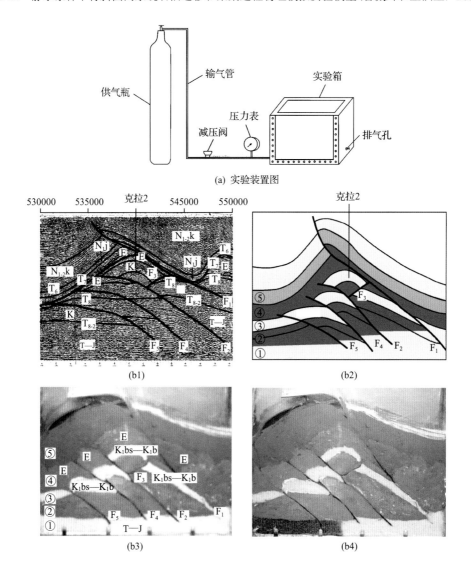

(a) 实验装置图

(b1)　　　　　　　　　　　　(b2)

(b3)　　　　　　　　　　　　(b4)

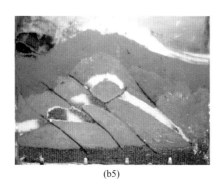

(b5)　　　　　　　　　　　　　　　　(b6)

(b) 实验过程及结果

图 1-13　克拉 2 构造天然气运聚成藏过程物理模拟(付晓飞等，2004)

①-烃源岩层(石英砂)；②-泥岩隔层(黏土：石膏=2：1)；③-白垩系巴西盖组—巴什基奇克组砂岩层(石英砂)；
④-膏盐岩盖层(黏土：石膏=2：1)；⑤-泥岩盖层(黏土)。(b1)、(b2)地质剖面模型；(b3)～(b6)实验模拟及过程

相对最高的充注断裂；天然气能否在圈闭中聚集成藏取决于断裂组合输导模式；由盐下断裂和不连接圈闭的穿盐断裂构成的天然气输导模式，及由盐下断裂构成的天然气输导模式应是库车拗陷输导天然气最有效的模式，天然气向圈闭中运移效率高，有利于形成天然气的大规模聚集，可形成大气田；而由盐下断裂和圈闭顶部突破断裂构成的天然气输导模式，及仅由穿盐断裂构成的天然气输导模式向圈闭输导天然气效率相对较低，不利于天然气的大规模聚集，只能形成一些小型气藏或气显示。

张洪等(2004)利用中国石油大学(北京)二维模型对中国中西部重点前陆盆地油气藏运聚成藏过程也进行了研究，针对前陆冲断带断裂发育的特点，以柴北缘马海、南八仙气田作为研究对象，模拟其成藏模式，对中西部前陆盆地冲断带天然气运移和聚集特征进行了解释(图 1-14)，对分析前陆盆地油气富集规律都起到重要的指导作用。

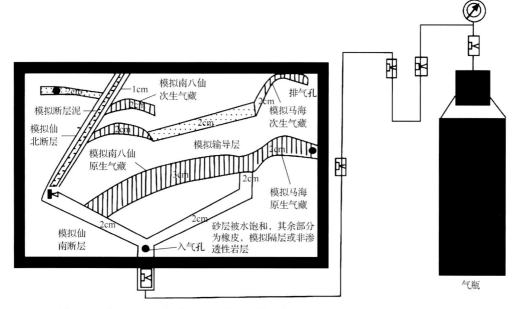

图 1-14　南八仙和马海油气藏成藏过程模拟实验装置及实验模型(张洪等，2004)

第二节 技 术 现 状

实验装置和实验模型是油气二次运移和聚集实验模拟研究的主体，根据实验模型的形状特征，物理模拟实验技术大体可以分为一维物理模拟技术、二维物理模拟技术、三维物理模拟技术。

一、一维物理模拟技术

一维物理模拟技术是基于一维物理模型进行设备的研制和实验技术的研发。一维模型多为管状模型或圆柱体模型。由于该模型容易制作，一直应用比较广泛。根据模型制作材料，一维模型可分为玻璃管模型和金属管模型两种。玻璃管模型通常由钢化玻璃或有机玻璃制成，直径一般几厘米到几十厘米不等。玻璃管模型为油气运移和聚集模拟实验研究最重要的物理模型之一，主要是简单易行，并且可以直接观察油气运移和聚集过程，因此，应用一直比较广泛，从 Emmons(1924)至 Catalan 等(1992)，许多学者利用该种模型探讨了油气二次运移和聚集机理。但是玻璃管模型只能模拟低温低压下的油气二次运移和聚集过程，与实际情况相差很大，导致实验结果的可信度较低。金属管模型是近二十多年来发展起来的模拟高温高压真实储层介质油气运移的物理模型。金属管模型主要是由钢或各种合金制成的各种岩心夹持器。岩心夹持器主要有双轴向、三轴向以及带测点的夹持器。双轴向夹持器中作用于岩心样品的径向和轴向压力相同。岩心夹持器的标准润湿材料一般为 316L 不锈钢。岩心样品可为固结或松散岩心，并放置在橡胶套中。径向和轴向压力主要沿着岩心样品和样品的末端，通过夹持器之壁施加，一般岩心夹持器的内径为 25mm 或 38mm，长度 25~80mm 不等。三轴向岩心夹持器中作用于岩心样品的径向和轴向压力各不相同。径向压力主要沿岩心样品外径，通过夹持器之壁施加，而轴向压力则通过端片施加。径向和轴向压力不相等，并且在实验期间可以变化。岩心样品放置在橡胶套中。带测点岩心夹持器是夹持器外壁布有压力、电阻率测点或取样点的岩心夹持器。利用这些测点可以测定实验过程中的压力、电阻率、化学成分等变化。岩心样品放置在橡胶套中。岩心夹持器的长度可由几英寸至几米。一维填砂模型主体由长金属管构成，在管壁上设计有采样孔和测压孔(图 1-15)，该模型主要用于油气通过不同粒度的散砂运移过程中油气组分的变化。

一维金属管模型可以模拟地层温压条件下真实岩心中的油气运移过程，但该模型可视化程度差，参数测定困难，尤其是含油饱和度测定方法不成熟，导致应用该模型进行油气运移模拟研究有很大的困难。

典型高温高压一维模型实验装置如图 1-16 所示。它一般由流体注入系统、实验本体、温压控制系统、数据采集分析系统和流体输出系统组成。流体注入系统由注入泵组成。实验本体为各类岩心夹持器，实验的岩样放置在岩心夹持器内。温压控制系统主要控制实验的温度和压力。一般温度由保温箱或电热带控制，而压力由围压泵控

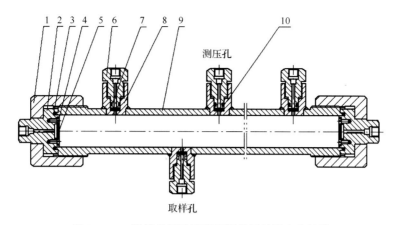

图 1-15　一维管状填砂模型不同类型的岩心夹持器

一维管状模型(模型管)尺寸：25mm(38mm、50mm)×1000mm。1-压帽；2-封头；3-模型密封圈；4-过滤网；
5-滤网压盖；6-公接头；7-接头密封圈；8-母接头；9-筒体；10-接头滤网

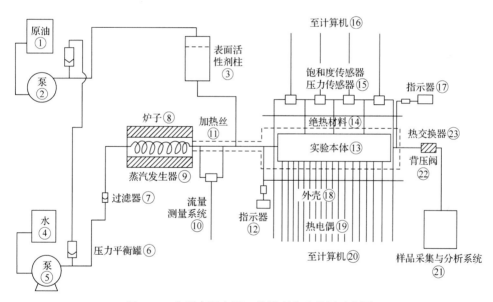

图 1-16　典型高温高压一维模型实验装置示意图

制。数据采集分析系统包括一般油数据采集器、计算机和取样及化学分析系统组成，主要采集的物理参数有温度、压力、流量等，而有机和无机化学成分分析可通过气相色谱和离子色谱等仪器在线测定。流体输出系统主要控制流体的输出流量及样品收集等。

目前一维物理模拟技术被广泛用于油气二次运移机理的研究，玻璃管模型和金属模型可以结合起来运用，玻璃管模型可以直观地观察到油气在砂体中的运移路径，而金属模型的实验可以设置更加接近实际的温度和压力条件，测量油气运移过程中油气组分变化、油气饱和度、渗透率等参数，从而分析油气运移聚集特点。

二、二维和三维物理模拟技术

油气运移和聚集研究中的二维和三维物理模拟技术是基于二维和三维物理模型进行

设备研制和实验技术的研发。二维模型主要有玻璃箱体和金属箱体模型,三维模型比较少,且多用于石油开发模拟实验研究。玻璃箱体模型简单易行,可以直接观测油气运移和聚集过程,但模拟的温度和压力都比较低。近年来,一些学者克服了玻璃箱体模型的缺陷,研制了金属箱体模型,该模型既可以模拟储层介质,又可以模拟各种地质圈闭系统中油气运移和聚集的动态过程;既可以模拟松散孔隙介质,又可以模拟固结和半固结孔隙和裂隙介质油气运移和聚集过程;既可以高温,又可以低温;还可以通过各种先进技术形成可视化、定量化和动态化,其应用前景比较广阔。但由于目前含油饱和度测定比较困难,因此目前多为二维模型,并且一面用钢化玻璃制成,可以直接观测模型里流体的运动,以及利用超声波测定含油饱和度和油气运移速率,从而导致压力不能太高;另外该模型的制作难度大,成本较高。

在前人油气开发研究的二维油藏物理模型(周惠忠和王利群,1994)的基础上,中国石油大学(北京)、中国石油天然气集团公司盆地构造与油气成藏重点实验室等都研制了用于油气运移聚集机理研究的二维物理模拟技术,这一实验技术最突出的特点是可视性强,可以观察到油气运移聚集的过程,总体而言,二维物理模拟技术具有下列特点。

(1)具有可视性,通过肉眼、摄像或摄影可直接观察及记录模型中油气的运移和聚集过程,这是一维金属管模型和三维模型还没有做到的。

(2)可以进行按比例的或不按比例的模拟实验,因此研究范围较广。可以针对具体油藏的具体成藏过程进行模拟研究,亦可利用它进行油气运移和聚集机理研究及各种现象的观察分析。

(3)结构较简单,使用灵活。这种模型既可以模拟从垂直到水平各种情况下的油气运移和聚集过程,也可以模拟构造差异升降运动对油气运移和聚集的影响。其中在二维大模型中将构造活动与流体运动结合起来,可用于研究各种构造运动(上升、下降、挤压变形和拉张等)条件下,油气的运移、聚集、保存与破坏过程。

(4)根据实验目的,在模型中可以建造各种实验模型,如背斜圈闭模型、岩性圈闭模型、断层圈闭模型等各种单一或复合圈闭模型,探讨油气的运移和聚集规律。

二维模型实验装置主要由模型本体、流体注入系统、测量系统和数据采集处理系统四部分组成(图1-17)。

(5)模型本体。实验模型本体为二维小模型或二维大模型,是二维模拟实验装置的核心(图1-18)。

三维物理模拟实验在油气运移聚集方面用得较少,中国石油天然气集团公司盆地构造与油气成藏重点实验室在这方面作了尝试。其核心是在模型的设计上,模型本体采用耐腐蚀的316L材料钢材,可以承受10MPa的工作压力和180℃的高温,模型主体四周设置井眼压力测点、底板上设有压力场、饱和度场及井眼49个测点用于传感器安装,实现数据的自动采集。三维物理模拟实验肉眼无法观察油气在模型中的运移聚集情况,但可以通过传感器采集到的数据通过计算机处理成图而判断油气的运移路径和富集趋势,从而解释不同地质体的油气运移聚集特征。三维物理模拟实验地质边界条件比一维、二维物理模拟更广,由常温常压到高温高压均可进行实验。

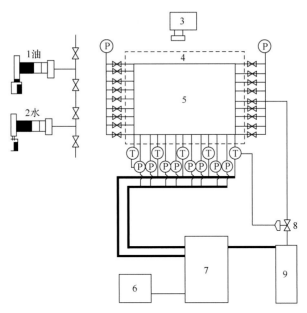

图 1-17　二维模拟实验装置示意图

1、2-ISCO 泵；3-摄像机；4-压力壳；5-模型本体；6-计算机；7-数据采集系统；

8-背压调节阀；9-产出液收集器；P-压力测点；T-温度测点

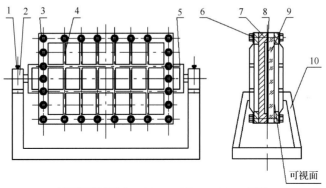

二维平面模型尺寸：500mm×300mm×10mm（可视）

图 1-18　二维填砂平面模型

1-水平、垂直锁紧螺钉；2-轴承座；3-压紧螺钉；4-加强筋栅板网格；5-模型支承；6-外压板；

7-环氧酚醛玻璃布层压板；8-密封圈；9-钢化玻璃板；10-模型支架

第二章　油气成藏参数测定技术

油气成藏参数测定主要包括成藏流体参数的测定、储层参数的测定以及盖层参数的测定等，这些参数的测定为油气成藏定量化研究提供了基础数据。流体参数测定主要是通过标准设备进行，根据不同的地质条件，在设备或测试方法上进行必要的改进；储、盖层等岩石参数的测定可采用标准设备也可采用非标设备进行。中国石油天然气集团公司盆地构造与油气成藏重点实验室主要采用自主研发的模拟装置进行，对实际地质参数的设置更加方便灵活。

第一节　成藏流体参数测定技术

一、流体密度的测量

物理学中，把某种物质的质量与该物质体积的比值叫作这种物质的密度。密度是一个物理量，符号为 ρ。通常使用密度来描述物质在单位体积下的质量。一般情况下，把常见物质分为三种，即固体、液体和气体，而液体和气体具有与固体明显不同的流动性质，所以液体或气体的密度属于流体密度的范畴。

流体的密度是流体的一项重要属性，直接影响流体的属性状态，是研究流体渗流特征、相态转换的重要参数。在地质研究中，地壳中的流体受到地下温度压力的影响，研究不同温度压力下流体的密度不仅是研究地下油气运移、聚集的关键属性，也是地下油气开采技术研究的重要参数。目前国内对于流体密度的测量有相应的标准，如《化工产品密度、相对密度的测定》(GB/T 4472—2011)、《液体石油化工产品密度测定法》(GB/T 2013—2010)》等，对密度的测定除了参考这些标准外，还考虑了一些影响密度的地质因素。

1. 测量原理

常见的流体密度的测量有以下几种。

1) 称量法

测量器材：烧杯、量筒、天平、待测液。

测量步骤：用天平称出烧杯的质量 m_1；将待测液体倒入烧杯中，测出总质量 m_2；将烧杯中的液体倒入量筒中，测出体积 V。

测量流体密度：

$$\rho = (m_2 - m_1)/V \tag{2-1}$$

2) 比重法

测量器材：烧杯、水、待测液体、天平。

测量步骤：用天平称出烧杯的质量 m_1；往烧杯内倒满水，称出总质量 m_2；倒去烧杯中的水，往烧杯中倒满待测液体，称出总质量 m_3。

测量流体密度：

$$\rho = \rho_{水} (m_3 - m_1) / (m_2 - m_1) \tag{2-2}$$

式中，$\rho_{水}$ 为水的密度。

3）浮力法

测量器材：弹簧秤、水、待测液体、小石块、细绳子。

测量步骤：用细绳系住小石块，用弹簧秤称出小石块的重力 G；将小石块浸没入水中，用弹簧秤称出小石块的视重 G_1；将小石块浸没入待测液体中，用弹簧秤称出小石块的视重 G_2。

测量流体密度：

$$\rho = \rho_{水} (G - G_2) / (G - G_1) \tag{2-3}$$

2. 测量设备

流体的密度测量分为液体密度测量和气体密度测量，常见的液体与气体密度测量仪器及原理有以下几种。

1）量筒与天平

量筒测量体积，天平测量质量，然后根据质量和体积计算出流体的密度，该方法简单方便，适合于不同场地测量液体的密度，但不适用于测量气体密度。

2）浮子式密度计

物体在流体内受到的浮力与流体密度有关，流体密度越大浮力越大。如果规定被测样品的温度(如规定 25℃)，则仪器也可以用比重数值作为刻度值。这类仪器中最简单的是目测浮子式玻璃比重计，简称玻璃比重计。该类密度计测量精度低，受人为因素干扰，也不适用于测量气体密度。

3）静压式密度计

一定高度液柱的静压力与该液体的密度呈正比，因此可根据压力测量仪表测出的静压数值来衡量液体的密度。

4）放射性同位素密度计

仪器内设有放射性同位素辐射源。它的放射性辐射(如 γ 射线)，在透过一定厚度的被测样品后被射线检测器所接收。一定厚度的样品对射线的吸收量与该样品的密度有关，而射线检测器的信号则与该吸收量有关，因此反映出样品的密度。

5）折光密度计

黑度即衡量感光材料曝光和显影后的变黑程度。在制版时，感光材料上的溴化银受到光照作用，显影后还原成金属银，形成一定的阻光度。黑度大表明密度高，黑度小表明密度低。

6）振动式密度计

振动式密度计的测量原理：物体受激而发生振动时，其振动频率或振幅与物体本身的质量有关。如果在一个 U 型的玻璃管内充以一定体积的液体样品，则其振动频率或振幅的变化反映一定体积的样品液体的质量或密度以及比重。

3. 测量流程

流体密度的测量过程大同小异，大部分仪器只能测量液体密度而不能测量气体密度，只有通过少数的密度计能同时测量气体密度和液体密度，这里以 DMA-4500M 和 DMA-HP 为例，首先介绍仪器的原理特点，然后阐述其流体密度测量的流程。

1）U 型振荡管法原理

物质的振动频率与密度有关，通过对被测物质与参考标准物质之间的频率差异推算出物质的实际密度，采用振荡管法，测量精度高。U 型振荡管的设计原理正是基于此。U 型振荡管法说明振荡管振荡周期的平方与管内填充液体样品的密度呈正比。计算公式如下：

$$\rho = AP^2 - B \tag{2-4}$$

式中，ρ 为密度；P 为振荡周期；A、B 均为 U 型管常数，与 U 型管的质量和体积有关。

U 型振荡管法的优势：①测量不受空气浮力影响，不受重力影响，结果比较精确；②不受空气浮力影响，不受重力影响，测量结果精准度高；③样品需求少，测量速度快。

DMA-4500M 数字式密度仪基于 U 型振荡管法测量流体密度，主要分为两个模块：主机可视化常压低温测量模块和 DMA-HP 高温高压测量模块。主要特点如下：①内置参考测量池，可避免系统漂移并缩短测量时间，在 0～90℃温度范围只需进行一次校正；②内置恒温及温度感应器，无需外接控温装置，其内置温度感应器可校正并溯源到多个国际标准；③全范围黏度自动修正，无需配置黏度标准，测试结果可同时显示修正值及非修正值。

2）DMA-4500M 数字式密度仪流体密度测量流程

（1）常压流体密度测量。

使用标准物质水和空气进行仪器系数标定，使用注射器将测量流体注入 U 型测量管中进行测量。

（2）高温高压流体密度测量。

DMA-4500M 数字式密度仪所采用的测量原理为 U 型振荡管法，流体测量结果不受外界因素干扰，只与仪器的测量系数和振荡周期相关。

DMA-HP 高温高压测量模块只是 DMA-4500M 数字式密度仪的测量扩展模块，没有对高温高压流体密度测量的具体方法进行说明，所以需要对常压流体密度测量方法进行改进，以适应对高温高压密度测量的需求。

DMA-HP 测量模块自带控温装置，但是没有增压系统和压力感应系统，所以要连接外接装置进行增压测量，高压流体密度测量装置测量连接如图 2-1 所示。

高温高压流体密度测量流程：连接测量装置，测量气体密度连接气体增压机，测量液体连接液体增压泵；使用已知密度两种标准物质标定仪器测量常数，测量时先升温后加压，每个测量点校正一次。每个温度压力点使用标准物质校正后测量实验样品。

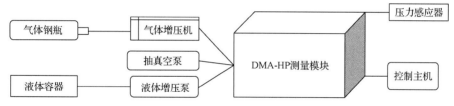

图 2-1　高压流体密度测量装置连接示意图

4. 测量实例

1) 流体测量实验 1：常压密度、温度曲线测量

实验条件：温度 20~90℃，大气压力。

实验仪器：DMA-4500M 数字式密度仪。

实验样品：LN54 脱气原油、G26 脱气原油、去离子水、煤油。

实验测量结果如图 2-2 所示。

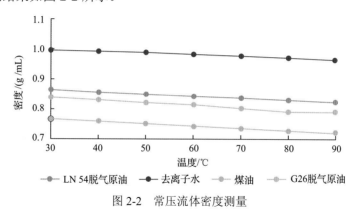

图 2-2　常压流体密度测量

2) 流体属性测量实验 2：高温高压密度测量

实验条件：温度 30~150℃，压力 0.1~60MPa。

实验仪器：DMA-4500M 主机，DMA-HP 温压测量模块。

实验样品：LN54 脱气原油。

实验结果如图 2-3 所示。

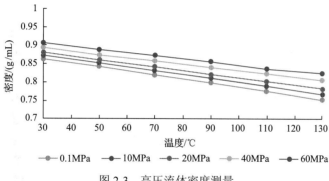

图 2-3　高压流体密度测量

二、流体流变性测量

物体在外力的作用下产生变形和流动叫流变。流体在受到外部剪切力作用时发生变形(流动),内部相应要产生对变形的抵抗,并以内摩擦的形式表现出来。所有流体在有相对运动时都要产生内摩擦力,这是流体的一种固有物理属性,称为流体的黏滞性或黏性。流体的黏度是反映流体在流动过程中的内部摩擦阻力,直接影响流体的渗流特性,是研究流体运移、聚集和开发的一个重要参数。

1. 测量原理

常用的黏度测量方法有毛细管法、落球法、振动法和旋转法。

1)毛细管法

测量原理:通过测量一定体积的流体在重力作用下,以匀速层流状态流经毛细管所需的时间计算黏度。

毛细管法测量黏度操作简单,测量精度高,但是测量仪器响应速度慢,适合于测量低黏度流体,不能用于测量封闭系高温高压液体黏度。

2)落球法

测量原理:通过测量球在液体中匀速自由下落一定距离所需的时间计算黏度。

落球法测量黏度操作无人工干扰,精度高,适合于测量高黏度低剪切速率的液体样品,但是在高温高压条件下,计时装置受到影响会产生一定的误差,从而影响整个系统的测量精度。

3)振动法

测量原理:浸于液体中作扭转振动的物体由于受到液体的黏性力,其扭转振幅会衰减,测量出振幅衰减情况和衰减周期,即可通过相应公式计算出液体黏度。

振动法具有振动周期和衰减测量方便、样品用量少、控温方便的优点,但没有公认的理想黏度计算公式。

4)旋转法

测量原理:使圆筒在流体中旋转或圆筒静止而四周流体旋转流动,流体的黏性扭矩将作用于圆筒,在选定转速或剪切速率条件下可计算流体的黏度。

旋转法是目前应用最广泛的方法,适用范围宽,测量方便,可以得到大量数据,旋转式黏度计对于性质随时间变化材料的连续测量来说,可以在不同的剪切速率下对同种材料进行测量,因而广泛地用于测量牛顿流体的绝对黏度、非牛顿流体的表观黏度及流变特性。

2. 测量设备

1)毛细管黏度计

当液体在毛细管黏度计内因重力作用而流出时遵守泊肃叶(Poiseuille)定律:

$$\eta = \frac{\pi\rho ghr^4 t}{8lV} - \frac{m\rho V}{8\pi lt} \tag{2-5}$$

式中，η 为黏度（黏滞系数）；ρ 为液体的密度；l 为毛细管的长度；r 为毛细管半径；t 为流出时间；h 为流经毛细管液体的平均液注高度；g 为重力加速度；V 为流经毛细管的液体体积；m 为与仪器的几何形状有关的常数，当 $r/l \ll 1$ 时，可取 $m=1$。

对于某一指定的黏度计而言，令 $\alpha = \dfrac{\pi\rho ghr^4}{8lV}$，$\beta = \dfrac{mV}{8\pi l}$，则式(2-5)可写为

$$\frac{\eta}{\rho} = \alpha t - \frac{\beta}{t} \tag{2-6}$$

式中，$\beta < 1$，当 $t > 100\text{s}$ 时，等式右边第二项可以忽略。溶液很稀时，待测溶液密度 ρ 接近标准溶液密度，即 $\rho \approx \rho_0$（ρ_0 为标准溶液密度），这样，通过测定溶液和溶剂流出的时间 t 和 t_0，就可计算出黏度：

$$\eta_r = \frac{\eta}{\eta_0} = \frac{t}{t_0} \tag{2-7}$$

η_r 为相对黏度；η_0 为标准溶液黏度。

2）落球黏度计

用固体球体在待测液体中下落而确定液体黏度的方法叫落球黏度测量法。假设半径为 r 的小球以速度 v 在无限宽广的液体中运动，当速度较小（不产生紊流脉动），根据斯托克斯公式，小球所受的黏滞阻力为

$$F = 6\pi\eta rv \tag{2-8}$$

式中，r 为小球半径；v 为运动速度；η 为黏滞系数（与液体种类和温度有关）；F 为小球表面附着的液体与周围液体之间的摩擦力。

小球在被测液体中竖直下落速度增到一定值时，小球受到的黏滞阻力和液体对其产生的浮力，将与重力达到平衡，有

$$mg = 6\pi\eta rV + \rho_0 Vg \tag{2-9}$$

由此得到

$$\eta = \frac{(m - \rho_0 V) \cdot g}{6rV} \tag{2-10}$$

令小球直径为 d，并用 $m = \dfrac{\pi}{6}d^3\rho$，$v = \dfrac{L}{t}$，$r = \dfrac{d}{2}$ 代入式(2-10)得

$$\eta = \frac{(\rho - \rho_0)d^2 gt}{18L} \tag{2-11}$$

又因小球在筒内下落满足不了无限宽广的条件，因此对式(2-11)加以修正：

$$\eta = \frac{(\rho - \rho_0)d^2 gt}{18L} f_w \tag{2-12}$$

$$f_{\text{w}} = 1 - 2.014\frac{d}{D} + 2.09\left(\frac{d}{D}\right)^3 - 0.95\left(\frac{d}{D}\right)^5 \tag{2-13}$$

$$\eta = \frac{(\rho - \rho_0)d^2gt}{18L}\left[1 - 2.014\frac{d}{D} + 2.09\left(\frac{d}{D}\right)^3 - 0.95\left(\frac{d}{D}\right)^5\right] \tag{2-14}$$

式 (2-9)~式 (2-14) 中，f_{w} 为容器壁的影响的修正系数；L 为球体运动行程中的测量距离；t 为球体经过 L 时所需的时间；d 为小球直径；D 为圆筒直径；ρ 为小球密度；ρ_0 为液体密度；η 为液体黏度，单位为 Pa·s。

对于一定的黏度计，D、d、L 为定值，得出

$$\eta = K(\rho - \rho_0)t \tag{2-15}$$

式中，K 为常数，其表达式为

$$K = \frac{d^2g}{18L}\left[1 - 2.014\frac{d}{D} + 2.09\left(\frac{d}{D}\right)^3 - 0.95\left(\frac{d}{D}\right)^5\right] \tag{2-16}$$

在实际测量中用标准黏度液事先标定出 K 值，即可测量待测液体的黏度值。落球黏度计配有不同直径和密度的小球，以供测量不同范围的液体黏度。落球黏度计一般只用于透明的牛顿流体的黏度测定。

3) 振动式黏度计

振动式黏度计的黏度检测单元由两个传感器碟片组成，如图 2-4 所示，它像音叉一样以固定频率的正弦波反向驱动两个传感器碟片。

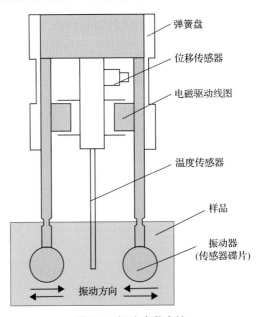

图 2-4 振动式黏度计

传感器碟片与驱动电磁力以相同频率形成共振。它的整个结构的特性都是为了要得到一个共振测定系统而设计。共振的应用是这个黏度计最显著的特征。当检测单元振动时，它会通过弹簧盘所产生的相当大的力反作用在支持传感器碟片的支撑单元上。然而，每个传感器碟片都是以固定频率及振幅彼此反向驱动，其目的是抵消反作用力，以获得稳定的正弦波振动。

将感应器碟子放入一个样品中。当弹簧盘以固定频率振动时，因感应器碟片与黏性样品的摩擦力不同，振幅会有所不同，为得到相同振幅，黏度计控制弹簧盘的驱动电流来确保相同的振幅。因为，黏质的摩擦与黏度呈正比，为得到不同黏质有固定频率和相同振幅，驱动电流也必须与黏度呈正比。

振动式黏度计通过测量以固定频率和振幅不断振动的驱动电流与黏度之间的比例关系来获得黏度(图 2-5)。电磁驱动单元利用检测单元的共振控制传感器碟片在同样的样品中以恒定的振幅振动。驱动电流作为激励源被检测到，驱动电流的大小与在感应器碟片之间的样品黏度呈一定的关联性。

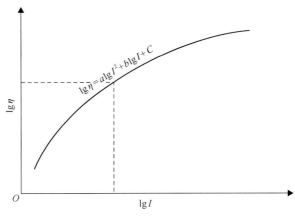

图 2-5　电磁驱动单元和驱动电流的相互关系
I-驱动电流；η-黏度

振动式黏度计的剪切率无法确定，探头振动频率会随物料黏度变化而变化，即剪切率一直在变化。非牛顿流体是极难控制黏度的，故此方法仅适用于牛顿流体的黏度测量。

4)旋转黏度计

图 2-6(a)为旋转黏度计的原理图。A 为转子，它由电动机主轴通过游丝带动缓慢旋转，B 为内径大于 7cm 的烧杯。把待测液体置于烧杯中(液面位于转子细颈下沿)，当电动机主轴以一定转速 ω_0 旋转时，转子 A 通过游丝带动跟着旋转。稳定时，转子 A 受到的黏性力矩与游丝恢复力矩平衡，此时转子 A 也以转速 ω_0 旋转，而转子 A 与电动机主轴相对移动了一个角度 θ。

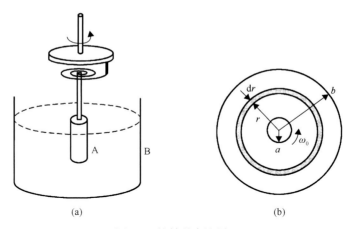

图 2-6　旋转黏度计原理

在转子 A 转速不太高(不引起湍流)的条件下，液体保持很好的分层转动，转子表面附着层以转速 ω_0 向外逐层降低，直到烧杯内壁的附着层转速为零。如果在转子 A 附近任取一个半径为 r 的同心圆柱面，如图 2-6(b)所示，在这个柱面液层上相互作用的力矩为

$$M = F \cdot r = \left(\eta \cdot s \frac{\mathrm{d}v}{\mathrm{d}r} \right) = \eta \cdot 2\pi r^3 \cdot l \frac{\mathrm{d}\omega}{\mathrm{d}r} \tag{2-17}$$

式中，M 为力矩；F 为转动力；s 为测量液体与转筒接触面积；η 为黏度；l 为转子长度。

由于液体处于稳定旋转状态，各层都以各自稳定的角速度旋转，液层间相互作用的力矩都相等，而且都等于转子 A 所受的游丝弹性恢复力矩 $D\theta$(D 为游丝的扭转系数)，于是有

$$\eta \cdot 2\pi r^3 \cdot l \frac{\mathrm{d}\omega}{\mathrm{d}r} = D\theta \tag{2-18}$$

对式(2-18)进行积分处理，$r=a$ 时，$\omega=\omega_0$，$r \rightarrow b$ 时，$\omega=0$ 时(a 为转子半径，b 为烧杯半径)得

$$2\pi\eta l \int_0^{\omega_0} \mathrm{d}\omega = D\theta \int_a^b \frac{\mathrm{d}r}{r^3} \tag{2-19}$$

$$D\theta = 4\pi\eta l \omega_0 \frac{a^2 b^2}{b^2 - a^2} \tag{2-20}$$

由于 $b \gg a$，所以

$$\eta \approx \frac{D\theta}{4\pi l \omega_0 a^2} \tag{2-21}$$

令 $K \approx \dfrac{D}{4\pi l\omega_0 a^2}$ ，则被测液体黏度为

$$\eta = K\theta \qquad (2\text{-}22)$$

式中，K 为仪器常数，由游丝扭转系数、转子结构及转速等决定。

3. 测量流程

实验室所采用测量仪器为德国 HAAKE MARS 模块化旋转流变仪，是用于研究流变性复杂的流体流变的新型先进流变测量仪器，是原油流变性测量的理想仪器。

1）HAKKE MARS 模块化先进流变仪黏度测量原理

将半径 R_a、长 L 的圆柱体转子浸没于盛有液体、半径为 R_i 的圆筒形容器中心，并以角速度 Ω 做匀速转动。

对于给定几何尺寸的测量转子系统，其转子系数的确定公式为

$$\eta = \frac{A}{M} \cdot \frac{M_d}{\Omega} = G \cdot \frac{M_d}{\Omega} \qquad (2\text{-}23)$$

式中，η 为黏度；A、M 均为系数；M_d 为扭矩；Ω 为角速度；G 为转子系数。

对于同轴圆筒测量转子系统，转子系数为

$$G = \frac{1}{4\pi L(R_a^2 - R_i^2)} \cdot \frac{1}{R_a^2 \cdot R_i^2} \qquad (2\text{-}24)$$

式中，R_a 为圆筒半径；R_i 为转子半径；L 为转子长度。

2）流体黏度测量流程

流体黏度测量应根据流体选择合适的测量平台，设计相应的流体黏度测量方案。根据设定的实验方案先选择转子与测量平台，进行仪器标定，然后将测量流体放入测量圆筒内进行黏度的测量，进行高温高压液体黏度测量要遵循先加热后加压的原则。

4. 测量实例

根据以上流程和参考《液体黏度的测定》(GB/T 22235—2008)和《黏度测量方法》(GB/T 10247—2008)，对某个原油样品进行测定，分析温度对原油黏度的影响。

实验目的：测量原油黏度随温度的变化。

实验条件：温度 20～150℃，大气压力。

实验仪器：HAAKE MARS 测量主机、同轴圆筒测量平台、同轴圆筒转子。

实验样品：大北 202 井，深度 5711m 样品；迪那 2 井，深度 4579m 样品；大北 1 井，深度 5576m 样品。

实验测量数据图如图 2-7 所示。

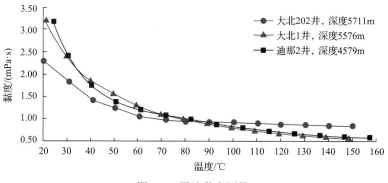

图 2-7　原油黏度测量

三、表面/界面张力测量

表面张力是由物体内部的分子(或原子)间的相互吸引力导致的,以液体为例,液体内部分子之间的吸引力一般比气体中分子之间或气体与液体之间的分子间的吸引力要大。表面张力实际上是界面所造成的不对称引起的,是一个位于表面内的力。严格地说,表面是指液体与其本身的饱和蒸汽间形成的特殊相界面,习惯上把液体或固体与空气的界面称为液体或固体的表面。而界面则是通指某一液体与另一互不相溶的液体(或流体)之间形成的相界面,两相接触的约几个分子厚度的过渡区,常见的界面有:气-液界面、气-固界面、液-液界面、液-固界面、固-固界面,其中一相为气体,这种界面通常称作为表面。因此,这里提到的内容既适用于表面,也适用于界面,所以二者不严格区分,除非特殊提及。

与表面张力不同,处在界面层的分子,一方面受到体相内相同物质分子的作用,另一方面受到性质不同的另一相中物质分子的作用,其作用力未必能相互抵消。因此界面张力通常要比表面张力小得多。

要扩大一个一定体积的液体的表面,需要向这个液体做功。表面张力被定义为在扩大一单位面积的液体表面时所要做的功,因此表面张力也可以被看作是表面能的密度。

1. 测量原理

表面张力是一种物理效应,它使液体的表面总是试图获得最小的、光滑的面积,就好像它是一层弹性的薄膜一样。其原因是液体的表面总是试图达到能量最低的状态。由于球面是同样体积下面积最小的几何形状,因此在没有外力的情况下(比如在失重状态下),液体在平衡状态下总是呈球状。

表面张力的存在使得表面/界面两边的压力不再相同,这一压力差的大小取决于界面张力及界面的曲率,可用杨-拉普拉斯(Young-Laplace)公式来描述:

$$\Delta P = r\left(\frac{1}{R_x} + \frac{1}{R_y}\right) \qquad (2\text{-}25)$$

式中，ΔP 为表面界面张力；r 为针管半径；R_x 为悬滴大半径；R_y 为悬滴小半径。

液体的表面/界面张力可直接测量。测量的方法大多基于对表面/界面施加一个外力，从而引起其变化，通过测量施加的力和/或其变化的程度，就可计算出表面/界面张力的值。

表面/界面张力的测量方法有力测量法、压力测量法、界面形状分析法等多种，以下简述各种测量方法。

(1) 力测量法：通常是运用探针使其与待测的界面接触，然后通过天平来测量施加/作用在探针上的力。为了保证界面在探针表面上的润湿性，探针通常由金属(如 Platinum)制成。常见的方法有：

①挂环法(Du Nouy ring method)：这可能是测量表面/界面张力的最经典方法，文献上报道的许多液体的表面/界面张力值是用这一方法测得的，它甚至可以在很难浸湿的情况下被使用。用一个初始浸在液体中的环从液体中拉出一个液体膜(类似肥皂泡)，同时测量提高环的高度时所需要施加的力。图 2-8 为挂环法示意图。

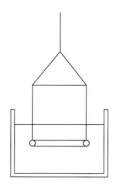

图 2-8　挂环法

②威廉平板法(Wilhelmy plate method)：这是一种很普遍的测量方法，尤其适用于长时间测量表面张力。测量的对象是一块垂直于液面的平板在浸湿过程中所受的力。

(2) 压力测量法：通过测量界面两边(两相)的压力差，然后运用上述的杨-拉普拉斯公式来计算表面张力。常见的方法有：

①毛细管升高法：当液体与毛细管管壁间的接触角小于 90°时(浸润的)，管内的液面成凹面，弯曲的液面对下层的液体施加负压力，导致液面在毛细管中上升，直到压力平衡为止。通过测量液面升高的高度，及已知毛细管内径和液体与毛细管管壁间的接触角(通常默认为是零)，就可计算出表面张力。

②最大气泡法(图 2-9)：气泡刚形成时，由于表面几乎是平的，所以曲率半径 R 极大；当气泡形成球形时，曲率半径 R 等于毛细管半径 r，此时 R 值最小。随着气泡的进一步增大，R 又趋增大，直至逸出液面。若测得了气泡成长过程中的最高压力差，在已知毛细管半径的情况下就能计算出表面张力。

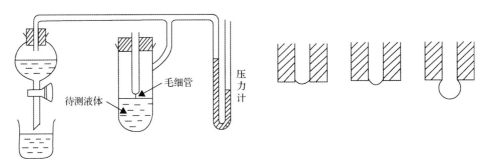

图 2-9　最大气泡法

（3）界面形状分析法：该方法是基于对一处于力平衡状态的界面形状的分析，是一种光学分析法。常见的方法有悬滴法/座滴法、旋转滴法、（液滴）体积法等。

①悬滴法/座滴法：适用于界面张力和表面张力的测量。也可以在非常高的压力和温度下进行测量，测量液滴的几何形状。当出现一种极端情况即悬滴的体积增大到无法再由表面/界面张力来支撑，而导致表面/界面撕裂而掉下，但掉下的并不是整个液滴的体积，有部分剩留在毛细管/针管端口上，这使得掉下的液滴的体积无法精确计算，需要加入经验校正因子。图 2-10 为悬滴法液滴。

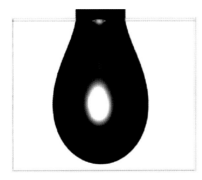

图 2-10　悬滴法液滴

②旋转滴法：可用来测定表面/界面张力，尤其适应于较小界面张力（0.1mN/m 以下）的测量。通过测定液滴的滴长和宽度值、两相液滴密度差以及旋转转速等参数而计算出界面张力值。

③（液滴）体积法：非常适用于动态测量表面/界面张力。测量的值是一定体积的液体可分出的液滴数量。

2. 测定仪器

常见的表面/界面张力测量仪器都是基于挂环法、威廉平板法和界面形状分析法进行表面/界面张力测量的，主要测量仪器有以下几种。

1）全自动表面/界面张力仪

全自动表面/界面张力仪如图 2-11 所示。

图 2-11　全自动表面/界面张力仪

采用吊环法和威廉平板法进行液体的表面张力的测量和两种不相溶的液体之间的界面张力的测量。优点是全自动测量，测量结果可靠，重复性高，仪器测量的精度依赖于天平感应器的精度；缺点是不易进行高温环境试验。

2）光学界面张力仪

光学界面张力仪如图 2-12 所示。

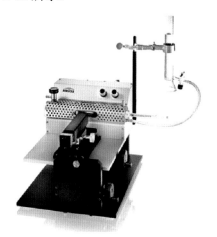

图 2-12　光学界面张力仪

通过分析各种基于液-气、液-液或液-固、液-液-固等两相或三相界面化学体系形成的液体或气泡的外形轮廓，可以用于分析表面张力、界面张力等物性参数。优点是测量简单方便快捷；缺点是测量前需要对仪器进行标准样品校正，液滴形状分析需进行经验校正。

3. 测量流程

在测量之前，首先进行实验装置连接，然后按照如下步骤进行界面张力的测量。界面张力测量流程分为常压界面张力测量和高温高压界面张力测量。

(1)常压界面张力测量流程：准备好待测液体的常压密度表和实验用注射器；注射器吸入待测液体并装入自动注射装置固定，然后调整测量平台至观测区域，采集实验测量图像，使用 SCA20 界面张力计算软件计算张力，清洗实验测量池、注射器烘干备用。

(2)高温高压界面张力测量流程：连接高温高压界面张力测量装置(图 2-13)；使用真空泵将密封测量室抽至真空，然后使用保温装置加热测量室至测量温度；调整光源、测量室、高清摄像采集系统至同一水平直线上；使用气体加压泵将测量气体注入测量室内，增至测量压力；使用液体加压泵将测量液体增至测量压力后注入测量室内；使用高清摄像系统采集注射液滴图像，使用 SCA20 计算软件计算气-液界面张力；测量结束后使用有机溶剂和水清洗测量室和测量管线，烘干后备用。

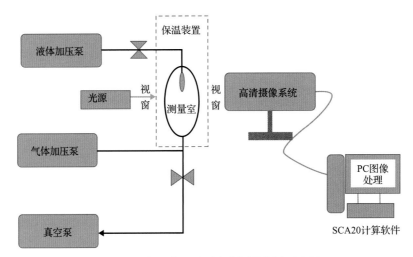

图 2-13　高温高压界面张力测量装置示意图

4. 表面/界面张力测量实例

选择在常温常压状态下和高温高压状态下进行流体表面/界面张力的测试，参考《表面活性剂　表面张力的测定》(GB/T 22237—2008)和《表面及界面张力测定方法》(SY/T 5370—1999)，并结合实际地质条件进行测量。

1)常压液体表面张力测量

实验目的：测量液体的表面张力随温度的变化。

实验设置条件：30~90℃，大气压。

实验测量仪器：光学界面张力测量仪。

实验样品：LN54 脱气原油、煤油。

测量数据：如图 2-14 所示。

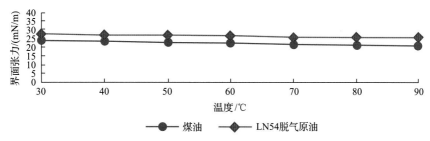

图 2-14　气-液界面张力随温度的变化

2) 高温高压气-液界面张力、液-液界面张力测量

实验目的：高温高压条件下气-液界面张力、液-液界面张力随压力的变化。

实验设置条件：温度 100℃，压力 10～60MPa。

实验测量仪器：高温高压界面张力测量装置、气体增压泵、液体增压泵、抽真空泵。

实验测量样品：去离子水、高纯甲烷气体、正己烷。

测量数据：如图 2-15 所示。

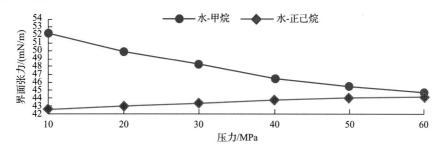

图 2-15　水-甲烷、水-正己烷高压界面张力测量

四、气体溶解度测定

地层水广泛分布于含油气盆地中，是含油气盆地中最重要的流体之一，是油气运移的主要运载工具。天然气生成后，首先进入烃源岩或储层中的孔隙水介质中发生溶解作用，之后剩下的天然气则以气态进行运移和聚集，因此，地层水的天然气溶解度的准确测定对油气成藏研究及天然气资源潜力的评价具有重要意义。

1. 测量原理

目前测定地层水溶解度的方法主要有平衡法和容积法。平衡法的原理主要是当气体充分溶解于水中后，利用采样器采集有溶解气的液体，然后再经过气液分离器将气体脱出，测量脱出的气量，计算出气体在水中的溶解度。该方法较为烦琐，需要投入大量的精力和时间，同时会破坏平衡条件，导致测量误差较大。容积法的原理主要是通过测量充分溶解前后气体量的变化来计算溶解度，该方法原理简单，操作方便。气体溶解度实验测试装置的测定温度和压力可以根据实际地质的温度压力环境进行设定，近似地反映地层水地质条件下的溶解气体能力。

2. 测量设备

中国石油天然气集团公司盆地构造与油气成藏重点实验室的地层水溶解度测定装置为自主设计(图 2-16)，兼顾平衡法和容积法的原理，具有体积小、测量精度高、操作简便的特点，实验温度最高可达 200℃，实验压力最高为 70MPa，可完成不同天然气组分(如甲烷、二氧化碳、氮气等)以及混合组分实际地质条件下，尤其是深部高温高压地层水溶解度的测定。

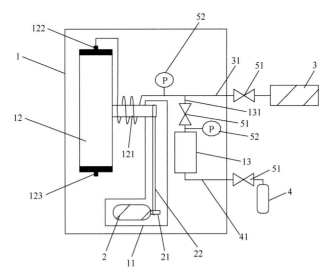

图 2-16 地层水溶解度测定装置原理图

1-恒温箱；2-旋转电机；3-真空泵；4-实验气瓶；11-支架；12-旋转样品缸；13-气体缸；21-输出轴；22-传动装置；31-第一管线；41-第二管线；51-控制阀门；52-压力传感器；121-旋转轴；122-注气口；123-取样口；131-第三管线

3. 测量流程

地层水溶解度测定流程主要分如下六个步骤(图 2-16)。

第一步：关闭各控制阀门 51，将已知体积和矿化度的地层水从取样口 123 灌入旋转样品缸 12 中，并用堵头封堵取样口 123，再调节恒温箱 1 中的温度，加热箱内温度至实验温度。

第二步：待恒温箱 1 内温度稳定后(变化幅度不超过±1℃)，打开所述第一管线 31 及第三管线 131 上的控制阀门 51，利用真空泵 3 进行抽真空，以清除气体缸 13 和第一管线 31 及第三管线 131 内的空气。

第三步：关闭第一管线 31、第三管线 131 的控制阀门 51，同时记录两压力传感器 52 的显示数值，再打开第二管线 41 上的控制阀门 51，向气体缸 13 内注入实验气体，达到预设压力后关闭第二管线 41 上的控制阀门 51，等 1h 压力稳定后，记录压力传感器 52 的数据。

第四步：打开第三管线 131 上的控制阀门 51，通过第一管线 31 向旋转样品缸 12 内注入实验气体，当压力达到预设压力后，关闭第三管线 131 上的控制阀门 51，记录压力传感器 52 的数值，此时根据气体状态方程 $PV=nZRT$ 可以计算从气体缸 13 注入旋转样品缸 12 的量。

第五步：驱动旋转电机 2，通过旋转轴 121 带动旋转样品缸 12 做往复摆动，使旋转样品缸 12 按一定频率往复摆动，使实验气体充分地溶解在地层水样品中。其中，旋转样品缸的摆动幅度及频率可通过控制旋转电机 2 的旋转速度及正反转的频率而定，为了达到最佳的效果，优选旋转样品缸 12 的摆动幅度为 0°～180°。

第六步：旋转样品缸 12 往复摆动 30min 后，关闭旋转电机 2，待样品进行充分溶解 6h 后，记录压力传感器 52 的数据，根据气体状态方程，计算出该压力下样品溶解气体的量，以此往复，不断增加实验压力，便可以测得不同压力条件下样品溶解气体量的曲线。

4. 实例

煤层气是天然气，以吸附态为主，在煤层中聚集，但也存在水溶气，为了探讨煤层水对气体的溶解情况，利用该实验装置开展了煤层水对煤层气的溶解度测定。以煤层水的地球化学特征为依据，按照水型和主要离子含量配制标准溶液。沁水盆地南部地区煤层水以 $NaHCO_3$ 型为主，主要阴、阳离子包括 HCO_3^-、CO_3^{2-}、SO_4^{2-}、Na^+、Cl^-、Ca^{2+}、Mg^{2+} 等。总溶解固体量（total dissolved solids，TDS）分为 0mg/L、500mg/L、1050mg/L、2000mg/L、6000mg/L、30000mg/L、60000mg/L 六段，拟合矿化度不断增大的过程。以煤层最大埋深 1500m 对应的水头压力 15MPa 为最大压力，压力分级为 1MPa、2MPa、3MPa、5MPa、7MPa、10MPa、15MPa，模拟不同深度下的煤层压力。温度以地温梯度换算，选取与深度对应的区间 20～80℃，4 个温度点（20℃、40℃、60℃、80℃）。为排除其他干扰实验结果的因素，溶剂选取经脱气的蒸馏水，被溶解气为过 NaOH 溶液的高纯度（99.9%）钢瓶甲烷气。

实验结果表明，水对甲烷具有一定的溶解能力，不同条件下溶解度存在加大差别，测量值从 0.10L/L 到 3.11L/L（图 2-17、图 2-18，表 2-1）。

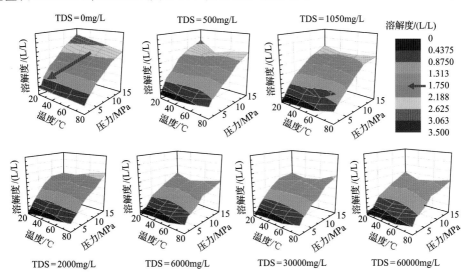

图 2-17　煤层水对甲烷溶解度与温度、压力、矿化度参数的变化关系

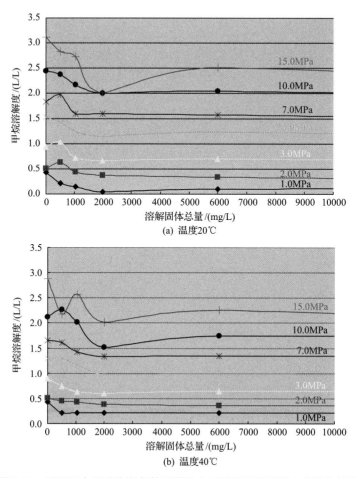

图 2-18　不同压力和矿化度条件下煤层水对甲烷溶解度测定实验的结果

表 2-1　煤层水对甲烷溶解度测定实验结果

TDS/(mg/L)	温度/℃	不同压力下的溶解度/(L/L)						
		10MPa	20MPa	30MPa	50MPa	70MPa	100MPa	150MPa
0	20	0.43	0.51	0.94	1.53	1.83	2.45	3.11
	40	0.43	0.51	0.89	1.29	1.65	2.12	2.88
	60	0.47	0.6	0.93	1.29	1.63	2.12	2.69
	80	0.46	0.74	0.91	1.33	1.59	2.04	2.42
500	20	0.21	0.63	1.04	1.42	1.97	2.38	2.83
	40	0.22	0.45	0.75	1.29	1.61	2.26	2.17
	60	0.35	0.58	0.75	1.03	1.34	1.74	2.38
	80	0.58	0.87	0.97	1.3	1.53	2.05	2.5
1050	20	0.15	0.44	0.72	1.24	1.6	2.18	2.73
	40	0.21	0.43	0.63	1.15	1.43	2.02	2.57
	60	0.31	0.56	0.68	1.03	1.39	1.84	2.54
	80	0.45	0.89	1.08	1.31	1.5	2.06	2.63

续表

TDS/(mg/L)	温度/℃	不同压力下的溶解度/(L/L)						
		10MPa	20MPa	30MPa	50MPa	70MPa	100MPa	150MPa
2000	20	0.05	0.37	0.67	1.14	1.6	2	2.02
	40	0.22	0.38	0.6	0.97	1.34	1.52	2.02
	60	0.31	0.49	0.74	1.07	1.35	1.75	2.29
	80	0.5	0.71	0.83	1.28	1.54	1.78	2.47
6000	20	0.1	0.34	0.7	1.23	1.57	2.05	2.52
	40	0.22	0.36	0.64	0.99	1.35	1.74	2.25
	60	0.32	0.56	0.79	0.1	1.43	1.9	2.26
	80	0.64	0.86	1.05	1.42	1.76	2.2	2.36
30000	20	0.13	0.24	0.6	1.03	1.43	1.84	1.98
	40	0.2	0.39	0.6	0.92	1.3	1.61	1.78
	60	0.25	0.58	0.74	0.98	1.29	1.64	1.9
	80	0.51	0.83	0.92	1.31	1.42	1.95	2.31
60000	20	0.1	0.28	0.33	0.9	1.12	1.47	1.96
	40	0.2	0.32	0.47	0.73	1.02	1.32	1.6
	60	0.22	0.5	0.64	0.88	1.12	1.53	1.76
	80	0.46	0.84	0.89	1.14	1.56	1.64	1.97

(1)甲烷在水中的溶解度随压力的升高而增加。低温条件下,压力对溶解度的影响程度大于高温条件的影响。

(2)温度对溶解度的影响呈曲线变化。低温条件下(50℃以下),溶解度随温度升高下降;降低到一定低点后,变化趋势开始上升。

(3)当温度、压力恒定时,甲烷在水中的溶解度随矿化度的增高而呈总体降低的趋势,TDS=2000～6000mg/L 时有回升现象。

产生此种现象的原因可依据分子运动观点解释。压力较大的情况下,气体受压缩,甲烷分子与水分子接触的概率提高,所以溶解度增加。温度升高后,分子运动速度加快,降低了甲烷分子与水分子吸引的能力,提高了气水界面分子交换速率。矿化度的影响主要表现为不同离子的水合能力差异性。

煤层埋藏条件下,埋深浅部水动力条件强,水交替作用强烈,煤层压力低,温度低,矿化度低,对应煤层水对甲烷的溶解度低。埋深深部水动力条件弱,水交替作用弱,煤层压力高,温度高,矿化度高,对应煤层水对甲烷的溶解度高。

煤层水由浅层下渗过程中,甲烷溶解度增加,不断溶解甲烷。例如,20℃、3MPa、500mg/L 矿化度的浅部煤层水,重力作用下运移到深部煤层,条件变化为40℃、10MPa、2000mg/L 的矿化度,溶解度由 1.04L/L 增加到 1.52L/L,增幅接近 50%。假如深部煤层水饱和气状态下,煤层孔隙度为 3%,煤层含水饱和度为 80%,煤岩密度为 1.47t/m³,估算溶解气量约为 0.024m³/t,其中 1/3 来自运移过程中对煤层含气的溶解作用。物性好的煤层孔渗性好,水流交替速度快,对煤层气的溶解速率大于低渗透煤层。水流动方向上,煤层气不断被溶解，吸附平衡被打破后，吸附气不断解吸，煤层原位含气量和含气饱和度下降。滞流水区或缓流区煤层水溶解作用和水岩反应强烈，矿化度增加显著而温度压力条件变化不大，矿化度达到 2000mg/L 以前，溶解气随溶解度的降低不断出溶形成游离气，增加了煤层含气量，导致煤层具有高含气饱和度和高含气量特征，还抑制了煤层吸附气解吸，有助于保持高吸附气量。

第二节　储层参数测定

储层是油气储集的场所，储层的优劣直接影响油气的富集程度。评价储层的参数主要有物性参数，如孔隙度、渗透率等，以及其自身对气体的吸附能力，如煤储层、页岩层的吸附能力等。储层参数测定能为成藏物理模拟提供最基本的参数，是物理模拟实验不可缺少的部分。本节主要采用中国石油天然气集团公司、盆地构造与油气成藏重点实验室研发的设备进行实验。

一、孔隙度测定

孔隙度是评价储层物性、计算油气储量的重要参数。随着非常规油气的勘探开发，致密储层所占比例越来越高，与常规储层相比，致密储层孔隙度较低，一般小于 10%，页岩储层普遍小于 5%(Sondergled et al.，2010；Curtis，2010)。致密储层孔隙度测定成为一个被广泛关注的问题，出现了下列一系列测定方法(温晓红等，2010，谢润成等，2010；范昌育和王震亮，2010)。

(1)玻意耳定律双室法。将氦气充入样品孔隙内部，根据玻意耳定律及《岩心分析方法》(SY/T 5336—2006)来测定孔隙体积(Ross and Bustin，2009)，对岩石中连通的有效孔隙测定效果较好。

(2)高压压汞法。将液态汞注入样品，注入压力与孔半径满足 Washburn 方程，根据 Young-Duper 方程，计算孔隙度(Curtis et al.，2010)。对页岩储层而言，由于其孔隙十分微小，多为纳米级孔隙，液态汞多不能进入。除此之外，高压压汞会造成人工裂隙，影响测定结果。

(3)气体吸附等温线法。对于压汞法不能测定的孔隙区域，尤其是纳米级孔隙的测量，采用气体吸附等温线法，其最小探测范围为所使用的探测气体分子的直径，一般为大于 0.5nm 的开口孔隙，主要采用 CO_2 低温吸附(D-R 方法)与 N_2 低温吸附(BET 理论)。但由于每个方法的假设与理论模型存在差异，重叠部分的符合度不是很高(Curtis et al.，2010；Sondergled et al.，2010)。

(4)核磁共振法(NMR)。核磁共振对孔隙中氢原子存在响应，通过低磁场核磁共振 T_2 谱，反映不同大小孔隙的体积占总孔隙体积的比例，计算得到孔隙度(Curtis et al.，2010)。由于核磁共振只能通过 T_2 谱间接测得孔隙分布，而且设备昂贵，目前未能大量分析样品。

(5)扫描电子显微镜(SEM)方法。对岩石切片进行连续扫描，可获得精细的孔隙结构图像，利用场发射扫描电子显微镜，结合氩离子抛光技术可以观察到几个纳米的孔隙。

对孔隙体积进行统计就可得到孔隙度(罗蛰潭,1985;秦积舜和李爱芬,2006)。但限于仪器昂贵,测定时间较长,应用较为局限。

玻意耳定律双室法操作简单、快速,成本低,是目前孔隙度测定常用的方法(黄延章,1998;杨正明等,2006),基于玻意耳定律双室法的碎样页岩孔隙度测定避免了泥页岩钻取岩心的不便。在测定孔隙度之前对样品进行蒸馏抽提,可以消除有机质对测量气体的吸附作用影响,也避免了有机质堵塞孔隙喉道。样品粉碎后可以测定泥页岩中的非连通孔隙。测定孔隙度的同时还可以确定泥页岩的含水饱和度、含油饱和度和含气饱和度。

1. 测量原理

孔隙度定义为物质的孔隙空间体积与总体积之比。玻意耳定律双室法测量岩石孔隙度的基本原理是:根据玻意耳定律,当温度为常数时,一定质量理想气体的体积与其绝对压力呈反比(罗蛰潭,1985;沈平平,1995):

$$\frac{V_o}{V_k} = \frac{P_k}{P_o} \quad \text{或} \quad \frac{P_o}{V_o} = \frac{P_k}{V_k} \tag{2-26}$$

式中,P_o 为初始绝对压力;P_k 为平衡后的绝对压力;V_o 为初始体积;V_k 为平衡后的体积。

为了准确测定颗粒体积,考虑温度的变化和非理想气体特征,扩展的公式如下:

$$\frac{P_o V_o}{Z_o T_o} = \frac{P_k V_k}{Z_k T_k} \tag{2-27}$$

式中,T_o 为初始温度;T_k 为平衡后的温度;Z_o 为 P_o 和 T_o 时的气体偏差因子;Z_k 为 P_k 和 T_k 时的气体偏差因子。

用双室法测定颗粒体积,在参考室输入一定的压力,打开参考室和样品室的阀门,参考室气体向装有已知体积岩样的岩心室膨胀,测定平衡后的压力,根据压力变化测得进入样品孔隙的气体体积,据此可计算颗粒体积,总体积减去颗粒体积,即为孔隙体积,进而计算孔隙度(图 2-19)。

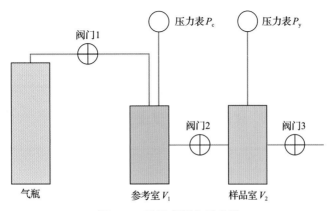

图 2-19 孔隙度测定示意图

2. 测量流程

致密砂岩样品采用岩心柱，页岩采用不规则碎块，样品需在110℃下烘干直至恒重，将其中的自由水与吸附水烘干，并在低压（-0.1MPa）条件下进行抽真空处理。致密砂岩的岩心柱孔隙度与常规岩石的测定流程相同，只是需要提高仪器测定精度，页岩样品孔隙度测定困难，建立了特殊的测定流程，包括以下步骤：

(1) 选取一定量的整块待测样品，测定质量 M_o，使用阿基米德（浮力）法测定块体总体积 V_o，通过式(2-28)计算泥页岩的块体密度 ρ_b：

$$\rho_b = \frac{M_o}{V_o} \tag{2-28}$$

式中，M_o 为所称完整块状泥页岩样品质量，g；V_o 为所称完整块状泥页岩样品体积，cm^3。

(2) 将样品粉碎至一定粒级，取一定量 M_1（$M_o \leqslant M_1$）。

(3) 将取出的样品使用 Dean-Stark 抽提装置进行蒸馏抽提，溶剂使用甲苯，直到产水量保持稳定为止，记录抽提出水的体积 V_w。

(4) 将经过蒸馏抽提的样品取出，恒温110℃进行干燥，直到样品质量稳定为止，记录样品质量 M_2。

(5) 将干燥后的样品取出，通过玻意耳定律双室法测定颗粒体积 V_g。

泥页岩样品孔隙度可由式(2-29)求得

$$\phi = \frac{V_b - V_g}{V_b} \times 100 \tag{2-29}$$

$$V_b = \frac{M_1}{\rho_b} \tag{2-30}$$

式中，ϕ 为孔隙度，%；V_b 为步骤(2)粉碎泥页岩样品块体体积，cm^3；V_g 为步骤(5)干燥样品颗粒体积，cm^3；ρ_b 为步骤(1)计算出的泥页岩块体密度，g/cm^3；M_1 为步骤(2)测定的泥页岩样品质量，g；通过式(2-29)计算样品孔隙度。通过式(2-31)～式(2-33)可以分别计算泥页岩的含水饱和度 S_w、含油饱和度 S_o 和含气饱和度 S_g：

$$S_w = \frac{V_w}{V_b - V_g} \times 100 \tag{2-31}$$

$$S_o = \frac{M_1 - M_2 - V_w \rho_w}{(V_b - V_g)\rho_o} \times 100 \tag{2-32}$$

$$S_g = 100 - S_w - S_o \tag{2-33}$$

式(2-31)～式(2-33)中，ρ_w 为步骤(3)中抽提出水的密度，g/cm^3；ρ_o 为步骤(3)中抽提出油的密度，g/cm^3；M_2 为步骤(4)蒸馏抽提、干燥后泥页岩样品质量，g。

3. 实例

采用上述方法对塔里木盆地下古生界 12 个页岩样品进行了孔隙度测定(图 2-20),结果表现出极低的孔隙度,为 0.53%～3.06%,平均 1.39%,这主要是受塔里木盆地页岩埋深较大的影响。

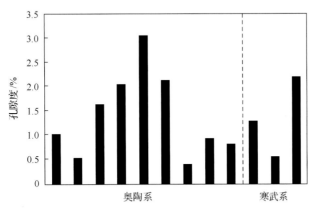

图 2-20 塔里木盆地下古生界页岩孔隙度

二、渗透率测定

随着非常规油气的勘探开发的兴起,进行渗透率测定的实验样品越来越复杂多样,既有常规储层高、中渗透率样品,又有非常规储层低、超低渗透率样品。实验室开发了稳态法和非稳态法两套渗透率测定技术,稳态法主要用于高、中渗透率储层样品,其测定低渗透率储层样品时间长,结果精度低,超低渗透率样品甚至超出其测定范围。为此,重点开发了非稳态法用于非常规低渗、超低渗储层的渗透率的测定。应用高速数据采集系统、精确的压力传感器可以方便地在瞬态或非稳态流条件下测定渗透率。瞬态测定利用体积固定的容器,这些容器可以安装在样品的上游或上、下游两个位置,当气流流出上游容器时,容器内的压力随时间减小,下游容器的压力随之增大,由容器体积和压力的瞬时变化可以计算渗透率。而且上、下游容器体积可以根据样品渗透率大小进行调节,减少测定时间。

1. 测量原理

1)稳态法

稳态法渗透率的测定是基于达西定律,通过加压液体(或气体)在被测岩石两端建立压力差,待流速稳定后测量出口液体(或气体)的流量,计算岩石渗透率。

液测渗透率的公式为

$$K = \frac{Q\mu L}{A(P_{in} - P_{out})} \tag{2-34}$$

气测渗透率的公式为

$$K = \frac{2Q\mu LP_{out}}{A\left(P_{out}^2 - P_{in}^2\right)} \tag{2-35}$$

式(2-34)和式(2-35)中，K 为岩心样品渗透率，$10^{-3}\mu m^2$；μ 为流体黏度，$mPa \cdot s$；L 为样品长度，cm；A 为样品截面积，cm^2；P_{out} 为出口压力，MPa；P_{in} 为入口压力，MPa；Q 为单位时间内液体(气体)流量，cm^3/s。

值得注意的是，由于气体"滑脱效应"的影响，同一岩石、同一种气体，在不同的平均压力下测得的气体渗透率不同，低平均压力下测得的渗透率较高，高平均压力下测得的渗透率较低，需要进行克林肯贝格校正。同一岩石、不同气体测得渗透率和平均压力的直线交纵坐标于一点，该点(即平均压力趋于无穷大)的气体渗透率与该岩石的液测渗透率是等价的，该点的渗透率称为等价液测渗透率，也称为克林肯贝格渗透率，如图 2-21 所示。

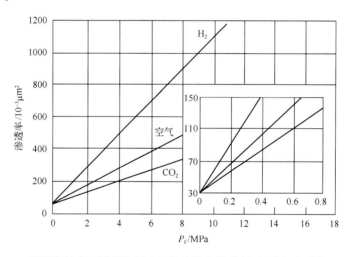

图 2-21　不同气体在不同平均压力下的渗透率关系(秦积舜和李爱芬，2006)

2) 非稳态法

实验室非稳态渗透率测定方法包括脉冲衰减法和压力降落法。脉冲衰减法采用上、下游两个容器，容器体积很小，容器和岩样都充入气体达到足够高的压力 7～14MPa (1000～2000psi)以减少气体滑脱效应和压缩率。整个系统的压力达到平衡后，制造上、下游容器的压力差(一般为初始压力的 2%～3%)，产生上、下游的压力脉冲。这种方法非常适合测定渗透率在 $0.01 \times 10^{-6} \sim 0.1 \times 10^{-3}\mu m^2$ 的低渗透率岩样。小压差和低渗透率实际上消除了惯性流动阻力。测定的渗透率值与稳态法所测值相近。

脉冲衰减法渗透率的计算公式为

$$K = \frac{-c\mu L}{AP_f\left(\frac{1}{V_{in}} - \frac{1}{V_{out}}\right)} \tag{2-36}$$

式中，c 为样品进出口压差变化的对数与时间的关系的斜率；L 为样品长度，cm；A 为样品截面积，cm^2；P_f 为平均压力，MPa；V_{in} 为入口处管线及上游室体积，cm^3；V_{out} 为出口处管线及下游室的体积，cm^3。

另一种方法是"压力降落法"，其特点是只有上游室，岩样的下游向大气敞开。在每个不同的流速和平均孔隙压力下，一次压力降落得出的数据可以计算 6～30 个渗透率值。在一次实验过程中，流动条件的变化可以计算克林肯见格渗透率。压力降落法渗透率的计算公式为

$$K = \frac{-c\mu L}{AP_f\left(\dfrac{1}{V_{in}}\right)} \tag{2-37}$$

2. 测量流程

1）稳态法

以中国石油天然气集团公司盆地构造与油气成藏重点实验室渗透率测定装置为例，进行稳态法渗透率仪器介绍，该仪器可以同时测定岩心渗透率和相对渗透率，主要由五部分组成(图 2-22)，分别是流体注入系统、流体驱替系统、温压控制系统、流体计量系统与数据采集和处理系统，各系统均由计算机全程自动控制。流体注入系统是美国 ISCO100DX 微量注射泵，泵的最小注入速率为 0.01μL/min，泵的最大注入压力为 10000psi(68.96MPa)。流量和注入压力大小可根据需要通过注射泵调节，该系统主要是向中间容器注水，通过中间容器内的液体(油或水)转换而向岩心注入流体。流体驱替系统的恒温箱内有中间容器及岩心夹持器，通过恒温箱温度控制给岩心夹持器所需温度，岩心夹持器直径 25mm，岩心最大长度 80mm，工作压力最大可达 70MPa，工作温度范围为 20～150℃，油水计量范围 0.05～5mL/min，计量精度≤1%。岩心夹持器的环压(模拟地层骨架压力)由自动环压泵自动控制，并且始终自动追踪使其环压差(环压与岩心前压力)恒定。温压控制系统通过计算机预先设定的温压数值，而使流体驱替系统内的岩心夹持器保持预期温压。流体计量系统主要由自主设计的玻璃气水分离器计量液体的流量，用气

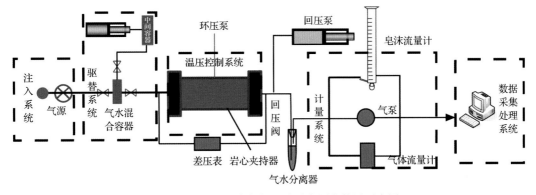

图 2-22　岩心渗透率与相对渗透率测定装置示意图

体流量计、气泵和皂沫流量计根据流量的大小计量气体的流量。数据采集和处理系统主要由数据采集系统和计算机组成，全程自动采集实验所需参数。

稳态法渗透率测试流程主要包括岩心加载、设置环压、流量记录三项内容。

（1）岩心加载。

将岩心放入图 2-22 所示的岩心夹持器内，拧紧两端，夹持器入口端连接气源，出口端连接气水分离器和流量记录系统。

（2）设置环压。

加载环压 3MPa，设定环压泵模式为追踪模式，即环压随着入口压力的变化而变化，始终比入口压力大 3MPa，以防止气体从岩心样品与夹持器的壁面窜流，确保气体顺着样品横截面通过。

（3）流量记录。

打开气源，调节调压阀，保持一段时间，观察流体计量系统是否有流体产出。当开始有流体产出并且流速恒定时，记录进出口压力及一定时间内出口端气体流量。调节调压阀，适当增大进口端气体压力，保持一定时间，记录此时的进出口压力及一定时间内的出口气体流量。依此类推，分别计量不同压力下出口的气体流量，至出口端累计产量不变时，结束实验。

2）非稳态法

非稳态脉冲衰减法渗透率仪器（图 2-23）核心部件包括岩心夹持器，上、下游容器，

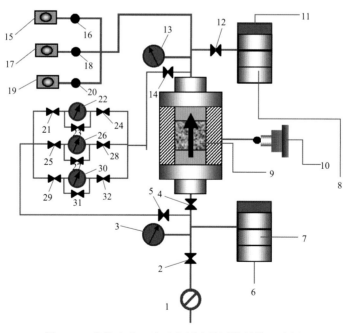

图 2-23 非稳态岩心渗透率测定装置的结构示意图

1-调压阀门；2-进气阀；3-进口压力传感器；4、5、12、14、21、23、24、25、27、28、29、31、32-阀门；6-进气口气体
缓冲容器；7-气体缓冲器实心钢块；8-气体缓冲器实心钢块；9-岩心样品夹持器；10-环压泵；11-出口气体缓冲容器；
13-出口压力传感器；15-低流量气体流量计；16-气动阀；17-中流量气体流量计；18-气动阀；19-高流量气体流量计；
20-气动阀；22-高差压传感器；26-中差压传感器；30-低差压传感器

差压传感器和压力传感器。岩心夹持器直径 25mm，岩心最大长度 80mm，岩心夹持连接环压泵，环压可以加载最大 70MPa，用于模拟地层压力，夹持器两端通过差压传感器连接上、下游容器，上、下游均有压力传感器。压力降落法渗透率仪器较为简单，没有下游容器及差压传感器，岩心夹持器出口连通大气。

差压传感器按量程分为三种，包括高差压(10～70MPa)、中差压(1～10MPa)和低差压(0.1～1MPa)量程，根据实验过程的差压变化选择，通常脉冲衰减法采用低差压，压力降落法采用中差压和高差压。上、下游容器的体积可以调节，由于由一个压力变化到较低压力所需要的时间与上游容器的体积呈正比，可以通过放置钢块调节上游容器的体积，适合不同渗透率的岩心样品，以便快速准确完成测试。

以脉冲衰减法为例介绍非稳态法渗透率测定流程，主要包括岩心加载、气压平衡、差压产生和压力衰减。

(1)岩心加载。

将岩心放入图 2-23 所示的岩心夹持器内，拧紧两端，并设置一定的三轴环压。

(2)气压平衡。

确保所有阀门关闭，打开阀门 29、31、32，选用低量程差压传感器，打开阀门 4、5、14，上、下游容器连通，打开进气阀 2，打开注气调节阀门 1，待样品上游、下游测试气体压力达到要求，关闭阀门 1、2，监测样品室气压直至平衡，压力平衡时间要足够长，使得测试气体能够完全扩散至致密样品。

(3)差压产生。

气压平衡之后，关闭阀门 31，打开气动阀门 16 并迅速关闭，使下游容器降低一定压力 ΔP，产生较小差压。

(4)压力衰减。

进口压力随时间逐渐变小，出口压力随时间逐渐变大，待进出口压力相等时，系统平衡，系统自动记录进出口压力随时间的变化，利用软件拟合进出口压力差的对数($\ln\Delta P$)与时间(t)的关系(图 2-24)，利用求取其斜率，计算岩心渗透率。

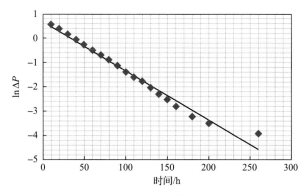

图 2-24 岩心上、下游压力差变化

3. 实例

塔里木盆地库车拗陷大北地区白垩系巴什基奇克组砂岩储层渗透率主要为 $0.06 \times 10^{-3} \sim 0.7 \times 10^{-3} \mu m^2$(图 2-25),储层总体孔渗低,属于致密砂岩储层的范畴。测定数据表明,储层中的裂缝对渗透率有显著影响,如孔隙度为 2.76%,裂缝密度为 3.5 条/m 的样品,渗透率可高达 $0.72 \times 10^{-3} \mu m^2$,基质渗透率较低,为 $0.06 \times 10^{-3} \sim 0.29 \times 10^{-3} \mu m^2$。

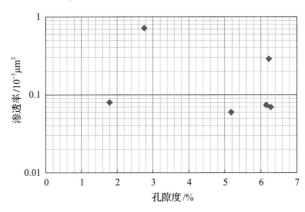

图 2-25 塔里木盆地大北地区白垩系巴什基奇克组稳态法岩心渗透率

采用非稳态脉冲衰减法对塔里木盆地古生界页岩进行渗透率测定,渗透率范围为 $8 \times 10^{-9} \sim 1366 \times 10^{-9} \mu m^2$(图 2-26),其中基质渗透率为 $8 \times 10^{-9} \sim 36 \times 10^{-9} \mu m^2$,表现为超低渗透率,微裂缝、脉体发育可改善孔渗特征,特别是渗透率可以呈数量级增长,如 1 号和 2 号样品渗透率分别为 $417 \times 10^{-9} \mu m^2$ 和 $1366 \times 10^{-9} \mu m^2$,比基质渗透率提高 1~3 个数量级。

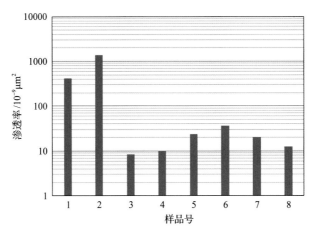

图 2-26 塔里木盆地页岩有利区渗透率直方图

三、岩石吸附能力测定

吸附态是煤层气和页岩气在煤和页岩储层中赋存的主要方式,因此,准确测定煤或页岩储层的吸附能力对岩石含气量的评价十分关键。煤和页岩储层的含气量主要包括吸附气、游离气以及较少量的溶解气，对煤层气而言，吸附气含量通常占总含气量的 90%以上；对于页岩气，吸附气含量通常占总含气量的 20%～80%。吸附气含量的测定可以为煤和页岩储层含气量和资源量的评价提供关键参数。

1. 测量原理

吸附(adsorption)是指固-气、固-液、固-固、液-气等体系中，某个相的物质密度或溶于该相的物质的浓度在界面上发生改变的现象。或者说是一种物质的原子或分子附着在另一种物质表面的界面现象，分为物理吸附和化学吸附两大类，煤和页岩的吸附属于物理吸附作用。通常利用吸附模型来表征岩石吸附天然气的作用，其数学模型可以概括为三大类，分别是运动动力学理论、热力学理论和位能理论模型，包括经典的 Langmuir 模型(Langmuir，1918)、BET 模型、Polanyi 吸附势模型、D-R 和 D-A 模型以及位能理论模型等。

煤或页岩吸附天然气的量主要是通过等温吸附实验来测定的，通常有三种方法：重量法、色谱法和体积法，其中体积法应用最为普遍，其次是重量法。

重量法初期使用的是石英弹簧，通过测量平衡吸附前后石英弹簧拉长的长度，并换算成重量后得到吸附量(图 2-27)。测试中通过控制吸附质球 D 温度的方法调节蒸汽压，吸附剂在 C 样品皿内吸附蒸汽后使弹簧长度伸长，记录伸长长度，换算出吸附量。该方法的特点是若样品的用样量小，则吸附量更小，因此需要灵敏度高的石英弹簧作为测量介质。20 世纪 60 年代，煤炭科学研究总院抚顺分院从苏联引进石英弹簧重量法，仪器主要参数：石英弹簧秤的精度为 0.016～0.0302mg，测定时煤样限于 0.5g 左右，实验压力小于 2.5MPa，煤样脱气真空度达 0.1Pa。后来出现微天平(microbalance)取代了石英弹簧秤，实验时不需测量弹簧伸长长度，而是通过微天平直接测量吸附剂的重量变化，测试压力也有所提高。重量法的优点是用样量少，对应的平衡时间和恒温时间较短、计量准确、操作简单；其缺点是测试压力较低、样品少不具代表性、仅能对干燥样品进行测试等。

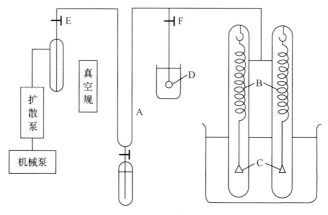

图 2-27　石英弹簧法示意图

A-压力计；B-石英弹簧；C-样品皿；D-吸附质球；E、F-阀门

色谱法也可用于测定纯组分和多组分的吸附,原理是利用气体在色谱柱中保留时间的不同计算吸附量。色谱法的优点是产生数据简单而快速,缺点是难以得到精密分析的数据。

体积法应用最为广泛,其原理是根据气体的玻意耳定律,即气体状态方程,通过记录气体压力变化以推算吸附平衡前后气体量的差异而求得吸附量,体积法有测试压力高、具有代表性的优点。体积法吸附实验主要利用气体状态方程(Langmuir,1918),即

$$\frac{P_0 V_0}{T_0 Z_0} = \frac{P_t V_t}{T_t Z_t} \tag{2-38}$$

式中,P_0、V_0、T_0 为初始条件下的压力、体积和温度;Z_0 为初始压力条件下的气体压缩因子;P_t、V_t、T_t 为最终条件下的压力、体积和温度;Z_t 为最终压力条件下的气体压缩因子。

煤和页岩储层等温吸附实验的原理图如图 2-28 所示,主要由供气系统、参考缸、样品缸和恒温箱等构成。

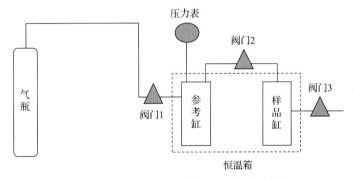

图 2-28 容量法煤储层等温吸附实验原理图

2. 测量设备

目前国内外常用的岩石吸附能力测量设备主要有基于体积法的吸附解吸仪(如Terretac 公司 Iso 吸附解吸仪)和基于磁悬浮天平重量法的吸附仪(如德国 Rubotherm 公司IsoSORP 吸附仪、荷兰 Ankersmid 公司的 IsoSORP 等)。Terretac 公司 Iso 吸附解吸仪包括多款型号,主要是 Iso100 和 Iso300 型,国内多个研究单位都是这两种型号,如中国石油勘探开发研究院、中煤科工集团西安研究院有限公司、中国矿业大学等。本节以 Iso300型为例介绍其设备功能和特点。Iso300 型吸附仪基于体积法(国外多称为压力计法)的原理设计,实验压力范围为常压至 34.5MPa,实验温度为室温至 100℃。吸附仪设计有四个气体参考缸和样品缸,可以同时开展四个岩石样品的吸附实验。样品量的范围较大,从数十克至 200g,具有较好的样品代表性。同时,吸附仪采用的是油浴加热,具有温度均衡快、保温效果好的优点。德国 Rubotherm 公司 IsoSORP 吸附仪有多个型号,采用了高精度磁悬浮天平,最小精度达 0.01μg,测试压力最大可达 35MPa,温度范围较宽:–196～

350℃。其优点是直接测定气体密度,无须利用气体状态方程计算,测试前需要进行浮力校正。

3. 测量流程

以体积法为例,阐述岩石吸附量测试的流程和步骤,主要包括样品制备和实验测试两个部分。首先将煤或页岩样品碎至 $60\sim80$ 目的颗粒,由于等温吸附实验可以对原样、干燥样品及平衡水分样品进行测试,所以根据实验的不同需要对样品进行相应处理。对于原样等温吸附实验,只需将样品碎到要求的粒径,称取一定重量即可;干燥样品的等温吸附实验需要对样品进行干燥,将样品放在真空干燥箱中,抽至真空状态,干燥箱加热至 110℃,样品真空干燥样品 24h;平衡水分样品的处理流程是将预湿的样品放入装有足量过饱和 K_2SO_4 溶液的恒温箱中,每隔 24h 称量一次,直至相邻两次称重质量差不超过试样质量的 2%。平衡水分计算公式如下:

$$M_e = \left(1 - \frac{G_2 - G_1}{G_2}\right) \times M_{ad} + \frac{G_2 - G_1}{G_2} \times 100 \qquad (2-39)$$

式中,M_e 为样品的平衡水分含量,%;G_1 为平衡前空气干燥样品质量,g;G_2 为平衡后样品质量,g;M_{ad} 为空气干燥样品的水分含量,%。

实验过程分为参数标定和样品测量两大步骤,参数的标定主要是利用氦气来标定参考缸的空间体积 V_1 和样品缸装有样品时的自由空间体积 V_2,原理仍是玻意耳定律,其方法和步骤可参考《煤岩中甲烷吸附量测定 容量法》(SY/T 6132—1995)。样品测量时,温度稳定 3h 以上,使实验系统温度保持一致,然后进行实验。首先用真空泵对参考缸和样品缸进行抽真空,然后关闭阀门 2 并打开阀门 1 进甲烷气体,使参考缸达到一定的压力 P_c 时,关闭阀门 1,样品缸压力为 P_y(抽真空后样品缸压力可视为零),待压力表稳定后,打开阀门 2 使参考缸的甲烷气体进入样品缸,此时样品缸煤样发生吸附作用,待平衡吸附 12h 以上后记录压力表读数 P_{cy},即为平衡压力,测量流程见图 2-29。最后根据公式对吸附量进行计算:

$$V_x = \left[\left(\frac{P_c V_1}{Z_c} + \frac{P_y V_2}{Z_y}\right)\frac{Z_{cy}}{P_{cy}} - V_1 - V_2\right]\frac{273.2 P_{cy}}{0.101325(273.2 + T)} \qquad (2-40)$$

$$V_a = \frac{V_x}{m} \qquad (2-41)$$

式中,V_a、V_x 为单位质量样品的气体吸附量和总吸附量,cm^3/g;m 为样品质量,g;P_c 为参考缸压力,MPa;P_y 为样品缸压力,MPa;P_{cy} 为参考缸和样品缸平衡后的压力,MPa;Z_c、Z_y、Z_{cy} 分别为 P_c、P_y、P_{cy} 压力条件下的气体压缩因子;T 为实验温度;V_1、V_2 分别为参考缸的体积和样品缸装有样品时的自由空间体积,cm^3。

4. 实例

开展了不同温度、压力的中高阶煤煤样品的吸附实验，得到了不同性质煤样吸附量的数据(表 2-2)，从结果中可以发现中高阶煤煤样的吸附量都比较大，高温下的朗缪尔体积均超过了 7m³/t。高压力条件下，R_o 较低的煤样吸附增量比较小，即等温吸附曲线平直；高 R_o 的煤样则吸附增量比较大，等温吸附曲线相对陡。总体而言，煤样的吸附量均在增加，逐渐达到吸附饱和，与朗缪尔吸附模型吻合较好。

表 2-2　煤储层样品不同温度下朗缪尔参数

样品	深度/m	实验温度/℃	朗缪尔体积/(m³/t)	朗缪尔压力/MPa
H1	411.5	30	20.5	1.28
		60	16.82	2.34
		90	14.38	2.39
H2	754	30	18.95	2.63
		60	14.37	2.69
		90	14.09	4.46
H3	747	30	16.73	1.09
		60	13.46	3.35
		90	9.45	6.15
H4	1092.1	30	18.95	2.63
		60	10.77	2.04
		90	8.39	2.45
H5	967	30	14.79	1.12
		60	11.47	5.14
		90	7.32	7.7
H6	665	30	60.77	3.83
		60	38.49	5.19
		90	28.64	5.53

煤样品的吸附量与热演化程度的关系明显，随着煤样品热演化程度 R_o 的增加($R_o \leqslant 3\%$的范围)，即热演化程度越高，吸附甲烷的量就越大(图 2-29)。研究结果与其他学者一致(Laxminarayana and Crosdale，1999；Clarkson and Bustin，2000；马东民，2003)。不同煤阶范围，吸附量变化不同，当 $R_o < 2\%$时，同条件的吸附量增加量较小，R_o 增加 0.1%，吸附量增加 1.5cm³/g；当 $R_o > 2\%$时，吸附量的增加量明显变大，R_o 增加 0.1%，吸附量增加 3cm³/g 左右。

温度和压力是影响煤储层吸附量的两个不可忽略的重要因素(Azmi et al.，2006)。研究结果表明，温度的增加会使吸附量减小，压力的增加会使吸附量增加。煤吸附气体属于物理吸附的范畴，是一个放热过程，温度对脱附起活化作用，即温度越高，从煤基质表面上脱附的气体分子就越多，因此，温度升高会导致煤吸附气体的能力降低，在相同压力的条件下吸附气体的量越少，使游离气的含量增加。压力对吸附量的影响与温度相反，恒温时，煤对甲烷的吸附能力随压力升高而增大，当压力上升到一定值时，煤的吸附能力达到饱和，往后再增加压力吸附量不再增加，这一点已得到共识。然而，有研

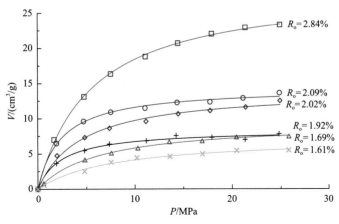

图 2-29 不同煤阶煤储层 90℃等温吸附曲线

指出当压力达到一定值时，吸附量不但不再增加，反而出现下降的趋势，吸附量和压力不再是单调的函数关系（Donohue and Aranovich，1998；Krooss et al.，2002；Day et al.，2008）。

从吸附实验结果还可以看出（图 2-30～图 2-32），煤样的水分含量与吸附量呈负相关

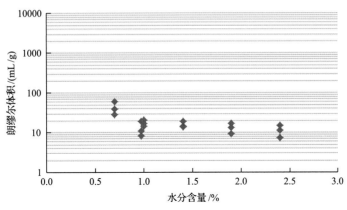

图 2-30 朗缪尔体积与水分含量的关系

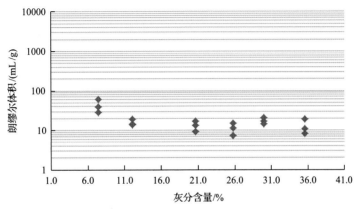

图 2-31 朗缪尔体积与灰分含量的关系

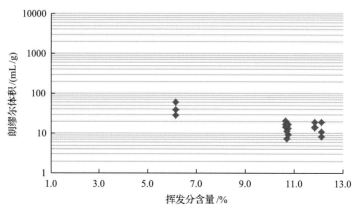

图 2-32　朗缪尔体积与挥发分含量的关系

关系，即水分的增加会导致吸附量的减少。导致吸附量出现这种现象的原因是煤中水分增高，占据有效吸附点位就越多，留给气体的有效吸附点就越少，从而使吸附能力将降低。通常当湿度为 1%时，吸附能力会降低 25%，以澳大利亚的鲍文盆地为例，其煤层湿度增加 1%，对煤层气的吸附能力就降低 $4.2cm^3/g$（Levy et al.，1997）。另外，随着煤样灰分和挥发分含量的增加，其吸附量逐渐降低。

四、岩石润湿性测量

岩石的润湿性是流体在储层介质中分布的重要参数，影响流体在储层孔隙中的分布。

由于不同流体对岩石的润湿性不同，导致吸引力的不同，流体润湿相倾向于占据岩石储层中较小的孔隙，而非润湿相占据较大的储层空间。

润湿性的在自然界中普遍可见，具有不润湿和润湿两种现象：如将水银滴在玻璃板上，水银液滴在玻璃板上呈现球滴，水银与玻璃板之间的夹角大于 90°，呈现不润湿现象（图 2-33）；将水滴在玻璃板上，水在玻璃板上迅速铺开，水与玻璃之间的夹角小于 90°，呈现润湿现象（图 2-34）。

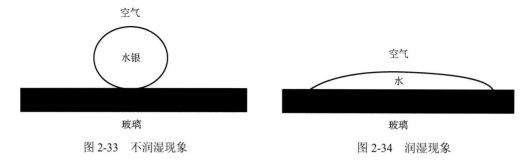

图 2-33　不润湿现象　　　　　　　　　图 2-34　润湿现象

在存在非混相流体的情况下，润湿性是指一种流体在另外固体表面扩散或附着的趋势，固体的润湿程度用接触角来表示。

接触角（contact angle）是指在气、液、固三相交点处所做的气-液界面的切线穿过液体与固-液交界线之间的夹角 θ（图 2-35），是润湿程度的量度，也称为润湿角。

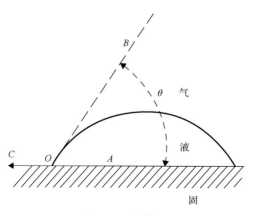

图 2-35 接触角 θ

1. 测量原理

接触角测量方法可以按不同的标准进行分类。按照直接测量物理量的不同，可分为外形分析法、测力法、透过法。

1) 外形分析法测量接触角

液滴外形分析法是测量接触角最古老的方法，它的优点是只需测量液滴轴对称截面的几个几何参数，即可确定接触角，对于非球冠形的轴对称液滴，还可同时确定表面张力；缺点是被测表面必须是理想表面，沿接触线各处的接触角必须相同，不适用非理想表面接触角滞后性的测量。

2) 测力法测量接触角

测力法又称为 Wilhelmy 板法或吊片法，是 Wilhemly 于 1863 年最研制的测量表面和界面张力的基本技术（马永海，1991），到目前这一技术通过不断改进得到完善。其装置如图 2-36 所示。

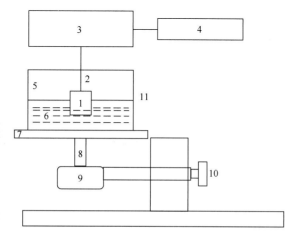

图 2-36 Wilhelmy 板法测量装置

1-待测固体薄板；2-金属丝；3-电子天平；4-数据记录仪；5-测试单元；6-测试液体；
7-可移动电动平台；8-平台升降装置；9-电机；10-支架；11-测量杯

测试固体薄板通过金属丝连接于电子天平，当薄板未浸入液体时，薄板只受到重力作用，测力装置的读数为

$$F_1 = mg \tag{2-42}$$

式中，F_1 为未浸入液体时测力装置读数；m 为待测固体薄板质量；g 为重力加速度。

当薄板深入到深度为 h，达到平衡时：

$$F_2 = mg + P\gamma_{ig}\cos\theta - \Delta\rho g s d = mg + P\gamma_{ig}\cos\theta - V_{disp}\Delta\rho g \tag{2-43}$$

式中，d 为浸入液面以下的深度；F_2 为浸入深度为 h 达平衡时测力装置的读数；P 为润湿周长；γ_{ig} 为液体的表面张力；θ 为接触角；$\Delta\rho$ 为液体与空气密度差；s 为固体薄板底面积；V_{disp} 为浸入液体部分的体积。

固体薄板浸入液体前后测力装置的读数差为

$$\Delta F = F_2 - F_1 = P\gamma_{ig}\cos\theta - V_{disp}\Delta\rho g \tag{2-44}$$

由此可以通过测量的方法，计算出液体的接触角。

3) 透过法测量接触角

前面介绍的方法一般都只适合平的固体表面，而实际中也会遇到许多有关粉末的润湿问题，常需要测定液体对固体粉末的接触角。透过测量法可以满足这样的要求，它的基本原理是：在装有粉末的管中，固体粒子的孔隙相当于一束毛细管，如图 2-37 所示。

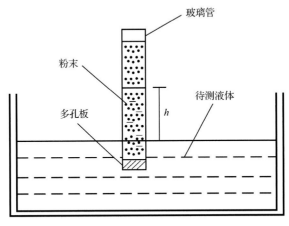

图 2-37　透过法测量接触角

由于毛细管作用取决于液体的表面张力和对固体的接触角，上升的最大高度 h 与接触角的关系式为

$$h = \frac{2\gamma\cos\theta}{\rho g r} \tag{2-45}$$

式中，γ 为润湿液体的表面张力；r 为粉末柱的等效毛细管半径。测得液体上升的高度 h，即可通过式 (2-45) 计算出接触角 θ。

2. 测量仪器

接触角测量仪根据接触角测量技术的不同而分为不同类别。根据不同的接触角测量技术原理，接触角测量仪可以分为以下几种：

1）基于形状分析法的影像分析接触角测量仪

影像分析法是通过滴出一滴满足要求体积的液体于固体表面，通过影像分析技术，测量或计算出液体与固体表面的接触角值的简易方法。作为影像分析法的仪器，其基本组成部分包括光源、样品台、镜头、图像采集系统、进样系统。最简单的一个影像分析法可以不含图像采集系统，而通过镜头里的十字形校正线去直接相切于镜头里观察到的接触角得到。标准的影像分析系统会采用 CCD 摄像和图像采集系统，同时，通过软件分析接触角值。

影像分析法接触角测试仪的优点：影像分析法接触角测试仪可使用环境远优于测力法，我们可以容易测得各种外形品的接触角值。而测力法接触角测试仪对材质的均匀度以及平整性均有较高的要求。

影像分析法接触角测试仪的缺点如下：

（1）影像分析法接触角测试仪的主要缺陷在于人为误差较大。这种缺陷主要是由于：①接触角切线的再现能力较差，主要是因为使用者的人为判断误差所致；②水平线的分析确认比较困难，而水平线的高低不同，导致结果也会有较大误差。作为以上缺陷的弥补办法，一般影像分析接触角测试仪都会采用软件分析方法计算接触角值。

（2）在前进后退角测试过程中，样品的进样过程的重复性较差。液滴移转过程中，通常会出现进样多少不均的情况，而进样量的变化同样会导致接触角测量值的变化。

（3）无法准确测试纤维接触角和粉体接触角值。

2）Wilhelmy 板法接触角测量仪

应用这种方法的接触角计主要是采用接触角计测试系统的接触角计。通常通过软件系统来实现对接触角测试，实际为使用接触角计中的称重传感器，同时借助软件分析来实现测量接触角的目的。

测力法测量接触角计的优点：通过不断地调整升降板，可以测得整个样品的平均接触角值；可以测得动态体系的接触角值，主要考查随时间变化而变化。

测力法测量接触角计的缺点：首先得保证有足够的液体量让样品浸入；样品必须切成规定的周长和高度；要求样品均匀足够小和轻。若超过传感器的量程的话，测试是不可能完成的；受温度影响较大，无法测得高温条件下的接触角值。

3）透过测量法接触角计

该接触角计主要用于测量粉体接触角等，具体测量原理为透过法。

3. 测量流程

实验室中常用的接触角测量仪为影像形状分析法接触角测量仪，其使用测量流程主要分为两个部分。

1) 样品前处理过程

(1) 样品选取。

实验岩石样品选用自然状态的岩样作为实验样品，若实验岩样不为自然状态样品，则需要清洗，并进行老化处理，恢复岩样的润湿性。

实验用水使用标准盐水或岩样对应的地层水，实验用油最好使用岩样对应的未曾污染的原油。

(2) 实验样品处理。

实验采用岩石矿片进行实验，岩样矿片进行清洗后要恢复原状，避免其润湿性改变。如果采用非自然状态下的岩样矿片，要进行岩样处理，处理方法如下：

清洗岩样表面的一切吸附物和沉积物(洗油、洗盐)，恢复岩样原始状态。

岩样洗油：使用苯：酒精：丙酮=0.7：0.15：0.15 的溶剂清洗，蒸馏水冲洗，烘干后使用。

岩样洗盐：使用稀盐酸(1：10)溶液清洗后使用清水冲洗后烘干使用(方解石矿片不适用)。

2) 接触角测量流程

首先准备好实验用岩样和实验流体，打开实验仪器，进入 SCA20 接触角测量软件，进入接触角实验测量界面。

其次是调整样品台高度和角度，使其处于一个良好的观察测量位置，进行仪器图像清晰度调试，调试完成后，开始进行实际岩样润湿性测量。

SCA20 接触角测量软件首先将液滴形状进行截图保存。

具体接触角测量步骤如下：

(1) 在 SCA20 软件中选择接触角测量方法，即选择所测液滴的形状。

(2) 调节焦距使注射针的图像清晰，通过调节注射针位置的微调旋钮将针的位置移到视野范围的中央，再通过内部的聚焦微调旋钮聚焦。注射一滴液体于固体表面上，调节液滴的放大率直到可视范围中约 2/3 大小。点击注射按钮可进行注射器样品注射单元控制。

(3) 当液滴滴在实验样品岩样矿片上，截取抓拍液滴形状图片，选取测量基线。选取基线后识别液滴轮廓，然后点击测量按钮，直接测量接触角，也可以预先设置好液体参数，按照杨氏方程计算液滴的接触角大小。

4. 测量实例

选取的岩石样品为塔里木盆地库车拗陷大北地区的岩石样品，油样选取大北地区某口井地下原油样品，水样则选取配置好的饱和盐水。岩心样品经过洗油和老化处理。参考《油藏岩石润湿性测定方法》(SY/T 5153—2007)，按照实验流程进行实验样品接触角测量，首先测量盐水与岩样的润湿性接触角的大小。

盐水与岩样的接触角测量结果如下：30℃时的接触角测量结果(图 2-38)。

原油与岩样的接触角测量结果：30℃时的接触角测量结果(图 2-39)。

图 2-38　30℃时盐水与岩样的接触角　　　　图 2-39　30℃时原油与岩样的接触角

第三节　盖层参数测定

盖层在油气藏形成中起到保存油气的角色，是油气尤其是天然气成藏的关键地质要素，因此，评价盖层的封盖性十分重要。目前，对盖层的评价参数包括孔隙度、渗透率、排替压力、突破压力、扩散系数等，而盖层的岩石力学性质也是盖层完整性的反映，也可以用于盖层封闭性的评价。本节主要介绍突破压力、扩散系数和岩石脆塑性参数的测定方法。

一、突破压力测试

气藏的形成除了要有储集空间外，还要有阻止天然气逸散的盖层。一般来讲，盖层应具有很高的毛细管压力以克制油气藏的剩余压力才能使油气不向上运移逸散，从而形成毛细管压力封闭。当盖层毛细管压力小于油气藏的剩余压力时，天然气就要通过盖层渗滤散失，很难形成封闭。实验室内采用模拟实验的方法求得岩心突破压力，用气体排驱并定时加压直至气体突破，求得近似排替压力值即为突破压力(邓祖佑等，2000)。盖层突破压力是评价盖层对储层内天然气封堵作用强弱的重要参数之一，准确测定岩石突破压力对正确评估天然气漏失量和可开采储量都有重要意义。

1. 测量原理

气体在一定压差作用下，在液体饱和岩样中形成连续流动相时，对应的进、出口端压差值即为岩石气体突破压力。

岩样被润湿性流体饱和后，非润湿性流体应克服岩石的毛细管力才能排驱润湿性流体。岩石的毛细管半径越小，则阻力越大，所需突破压力越高。给岩心夹持器内的岩样加压，逐渐增加进口端的试验压力，当压力使气体在岩样中形成连续流动相时，对应的进、出口端压差即为突破压力。根据泊肃叶公式计算出气体从盖层的底界穿越至顶界所经历的时间，即为突破时间，计算公式如下：

$$t_a = \alpha [(8h^2\mu)/(\Delta P r_A^2)] \tag{2-46}$$

式中，t_a 为突破时间，s；h 为岩层厚度，cm；α 为孔隙弯曲的理论修正值，无量纲；μ 为液体黏度，Pa·s；r_A 为孔隙半径，mm；ΔP 为使液体从孔隙中排出时的压力差，MPa。

2. 测量流程

岩心排替压力测量装置包括PYC-1型排替压力测量装置和微流量数据采集装置两部分，是由气瓶、缓冲容器、岩心夹持器、环压泵、压力测量系统、气体突破时间检测系统、控制阀门组成。其中，气瓶提供气源，缓冲容器可根据岩心需要提高或降低供气压力，岩心夹持器用于密封实验用岩心样品，环压泵用于提供被测岩心需要的环境压力，压力检测系统用于精密测量气体突破压力，气体突破时间检测系统用于检测气体突破时刻，并根据该时刻计算气体突破时间。测量装置的原理图如图2-40所示。

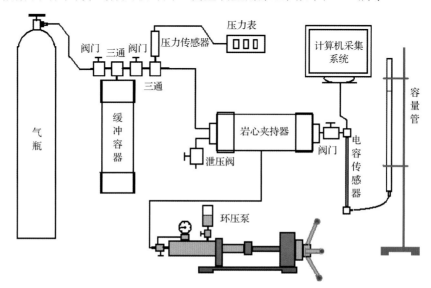

图 2-40 岩石气体突破压力测量装置示意图

实际测试时，在岩心出口端设置一盛有润湿性流体的液管，液管外设置有气泡检测器，当气体突破逸出时，会经所述液管排出，在气体经过液管的过程中会产生气泡，从而被设置在液管外的气泡检测器检测到。利用液管及气泡检测器测量时存在的问题是：完成岩心突破压力测试后，液管中会滞留有气泡，由于气泡检测器较灵敏，使得岩心被取出后，其仍能检测到气泡，影响下一个岩心样品的测试。因此，在进行下一个岩心样品测试前，需要静置一段时间使气泡消失，使得测试等待时间延长，不利于批量测试，实验效率低。为了解决这一问题，我们对实验装置进行了改进，在岩心夹持器出口设置抽气泵，可将岩心夹持器的中空腔体和与之连通的液管中的气体抽出，使滞留在液管中气泡的破灭，从而使测试等待时间缩短，提高了测试效率。

实验流程主要包括岩心前处理、装载岩心、注入测试气体、开始测试和记录测试数据四个步骤。

（1）岩心前处理：将岩心加工成一定长度的规则柱塞形状并饱和某种介质。它包括岩心切割、岩心端面加工和岩心饱和煤油三个环节。

（2）装载岩心：室温下，将饱和了煤油的岩心放入岩心夹持器中，加上必要的环境压力，升温至测试温度直至平衡。

(3)注入测试气体,开始测试:向缓冲容器中通入合适压力的气体,在打开通往岩心夹持器的各有关阀门的同时,启动计算机采集系统进行突破时间采集。

(4)记录测试数据:保持并记录气体驱替压力,等待气体突破岩心。根据计算机采集到的曲线特征判断气体突破岩心的时刻,然后计算出突破时间,测试结束。

3. 实例

对准噶尔盆地白垩系吐谷鲁群 7 个盖层样品进行了突破压力和突破时间测试,环压为 20MPa,温度为室温,测试气体采用氮气。根据邓祖佑等(2000)的天然气封盖层封闭能力分级评价标准,该批样品中包括 3 级盖层 1 个、4 级盖层 2 个、5 级盖层 3 个、6 级盖层 1 个。1 个样品为好盖层,2 个样品为一般盖层,4 个样品为差盖层(图 2-41)。

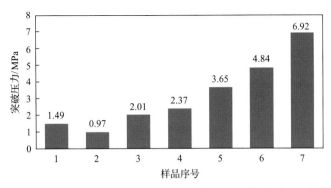

图 2-41 准噶尔盆地白垩系吐谷鲁群 7 个盖层样品突破压力

二、气体扩散系数测试

天然气在地下的扩散是一种非常普遍的现象。人们已经开始认识到,从烃源岩层向外扩散是天然气初次运移的重要机理之一,天然气在介质中的扩散是分子运动的结果,扩散分子在介质中做无序分子运动时会发生碰撞,促使分子从高浓度区向低浓度区运动,即分子运动方向指向浓度梯度降低的方向,直至浓度平衡为止,从而造成宏观上的扩散。通常在同一种介质中以气体扩散最快,液体较慢,而固体分子的扩散最慢,所以在相似条件下天然气的扩散远比石油扩散快很多。

扩散系数是描述天然气通过岩石扩散速度快慢的重要参数,也是反映天然气保存条件的最主要微观参数之一。封盖机理不同,扩散机理和扩散系数值会有较大的差别。储集层中的天然气通过盖层向上扩散,却对气藏产生严重的破坏作用。Krooss 等(1992)曾做过计算,荷兰 Halringen 气田 $25 \times 10^8 m^3$ 的天然气,通过 390m 厚的盖层扩散损失一半只需 70Ma。扩散系数是评价盖层封闭能力的重要指标,是计算天然气通过盖层的扩散量的主要参数,在评价气田散失量及盆地资源评价中具有重要的研究意义。

1. 测量原理

Fick 在 1855 年提出了描述分子扩散的经验公式(郝石生等,1994),指出在一定的温度和压力条件下,二元扩散体系中任意组元的分子扩散通量与该组元的浓度梯度呈

正比，即

$$J = -D\nabla_\mu \qquad (2\text{-}47)$$

式中，J 为扩散通量密度，即单位时间通过单位面积的扩散量，具有速度量纲；∇_μ 为物质的浓度梯度；D 为扩散系数，表示物质在扩散介质中的扩散能力，指浓度梯度为一个单位时的扩散通量。

天然气在岩石中的扩散系数大小是衡量天然气通过该岩石扩散能力大小的重要参数，扩散系数越大则表示天然气在该岩石中扩散得越快。天然气在岩石中的扩散系数除受天然气本身性质(如分子大小、几何形态)的影响外，还受岩石的性质(如孔隙结构、孔隙中流体的性质)和扩散系统条件(如温度、压力)等因素的影响。

根据气体在浓度梯度下通过岩样自由扩散的原理，在岩样两端的扩散室中，一端充入烃类气体，另一端充入氮气，在恒温、恒压条件下，各组分气体的浓度随时间而变化，通过测试在不同时间两扩散室中各组分气体的浓度，可求得烃类气体在岩样中的扩散系数。

根据 Fick 第二定律计算岩样中烃类气体的扩散系数：

$$D = \frac{\ln\left(\Delta C_0 / \Delta C_i\right)}{E\left(t_i - t_0\right)} \qquad (2\text{-}48)$$

式中，t_i 和 t_0 分别为 i 时刻和初始时刻，s；D 为烃类气体在岩样中的扩散系数，cm^2/s；ΔC_0 为初始时刻烃类气体在两扩散室中的浓度差，%；ΔC_i 为 i 时刻烃类气体在两扩散室中的浓度差，%，$\Delta C_i = C_{1i} - C_{2i}$，其中，$C_{1i}$ 为 i 时刻烃类气体在烃扩散室中的浓度，%，C_{2i} 为 i 时刻烃类气体在氮扩散室中的浓度，%；E 为中间变量，$E = A(1/V_1 + 1/V_2)/L$，cm^{-2}，其中，A 为岩样截面积，cm^2，L 为岩样长度，cm，V_1、V_2 分别为烃扩散室和氮扩散室的容积，cm^2。

由式(2-48)变形得到

$$\ln\left(\Delta C_0/\Delta C_i\right) = DEt_i - DEt_0 \qquad (2\text{-}49)$$

$\ln\left(\Delta C_0/\Delta C_i\right)$ 与 t_i 呈线性关系，应用最小二乘法拟合，得到斜率 S，根据 S 可以求得岩样中烃类气体扩散系数：

$$D = S/E \qquad (2\text{-}50)$$

2. 测量设备

目前国内与国外的天然气扩散系数实验测定方法不同，国内实验为封闭实验，即天然气扩散是在岩样两端两个封闭的气室间进行，扩散的终止浓度不为零。国外的实验为开放实验，即天然气从岩样一端的气室扩散到另一端开放的气室，扩散过去的气体被流体带走，扩散的终止浓度保持为零。不同实验方法测定的扩散系数具有不同的扩散浓度含义和不同的影响因素，封闭实验游离烃浓度法测定的扩散系数比开放实验时滞法测定的扩散系数小约2~3个数量级，在天然气扩散量计算过程中，扩散量计算的浓度含义应与扩散系数测定的浓度含义保持一致(柳广弟等，2012)。

目前一般采用国家标准规定的封闭实验游离烃浓度法进行扩散系数的测定，该方法在国内被广泛应用，在中国石油勘探开发研究院、中国石化石油勘探开发研究院、东北石油大学等单位均进行了较成熟的应用，下面参考中国石油天然气集团公司盆地构造与油气成藏重点实验室的扩散系数测定装置(图2-42)，介绍相应的实验设备构成及测量流程。

图2-42 扩散系数测定仪器照片

实验设备主要包括四个部分(图 2-43)：①测定装置样品恒温箱，温度可达 180℃，

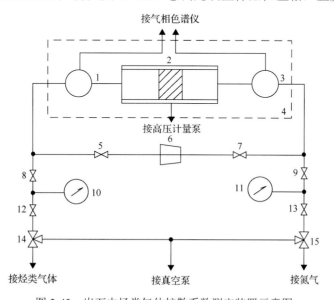

图2-43 岩石中烃类气体扩散系数测定装置示意图

资料来源：《岩石中烃类气体扩散系数》(SY/T 6129—1995)

1、3-取样阀；2-岩心夹持器；4-恒温箱；5、7、8、9、12、13-截止阀；6-差压传感器；10、11-压力表；14、15-三通阀

内置压力表,量程为 1.0MPa,精度为 0.25%FS;差压传感器,量程 20kPa,精度为 0.25%FS;岩心夹持器,25mm 内径,围压 70MPa,两端堵头上分别有一容积为 20~40mL 的空腔,直接开口于岩样,称为扩散室;②高压跟踪泵,量程为 70MPa,可以根据设定值自动调整;③真空泵,真空度小于 $6×10^{-2}$Pa;④气相色谱仪,可以设置自动进样,实现无人值守,在线测量。该实验装置所能达到的最大温度为 180℃、最大压力为 70MPa。

3. 测量流程

扩散系数的测定也是间接的,其实验不是直接测试砂泥岩样品的天然气扩散系数值,测定的是在一定时间内通过砂泥岩样品的天然气扩散量或浓度,再由这些实测值通过Fick 定律来求得天然气的扩散系数。受实验要求,需将砂泥岩样品制成直径为 25mm、高度不限的小圆柱,样品通常为烘干样或饱和水样,由于泥岩样品遇水易碎不易进行实验,即使泥岩样品遇水不破碎,由于天然气通过饱和水泥岩样品的扩散时间太长,造成实验的时间太长、不易测试外,又由于实验时间太长,在恒温箱加热的温度持续作用下,饱和在泥岩中的水易蒸发,难以反映饱和水的真实情况。故通常情况下,在实验室中测试干泥岩样品的天然气扩散系数(付广和苏天平,2004)。具体步骤如下:

(1)将岩样装入岩心夹持器,加围压至 3MPa 以上。

(2)根据地层温度设定恒温箱实验温度,恒温 2~2.5h。

(3)测定干样中烃类气体扩散系数时,接通真空泵抽空岩心夹持器及相应管线 1~1.5h,测定饱和岩样时不抽空。

(4)向两扩散室内分别通入氮气和烃类气体,并使两扩散室压力同步上升至 0.1MPa,当压力差小于 0.1kPa 时,断开气源。

(5)测定干样中烃类气体的扩散系数时,间隔 0.5~6h 取气样一次;测定饱和水岩样时,间隔 2~12h 取气样一次。

(6)每个岩样实验至少 12h,且每段至少取 5 个气样。

(7)将恒温箱温度降至室温,放掉两扩散室内的气体,结束实验。

实验室是在一定温度(通常为室温)下进行岩样扩散系数测定的,因为温度太高,难以控制恒温。而岩石样品在地下则处于高温环境中,两者之间存在着温度差异;另外,采用干样也会与地下饱和水条件产生差异。因此,要获得地层条件下的岩石扩散系数,就必须对实测样品的天然气扩散系数进行温度的校正和饱和介质的转化(张云峰等,2000;付广等,2001)。

付广等(2001)对松辽盆地长垣以东地区深层盖层研究,在 20℃条件下测得的部分泥岩在干样条件下的甲烷扩散系数。为了准确地估算该区深层天然气的扩散量对这些实测扩散系数进行校正。校正后的甲烷扩散系数均较实验室干样条件下的甲烷扩散系数值小,这主要是由于地层条件下岩石孔隙水的存在,造成了甲烷通过岩石孔隙扩散速度减慢,扩散系数减小的缘故。校正后的甲烷扩散系数随着埋深的增加,其与实验室干样条件下的甲烷扩散系数的比值逐渐增大,这主要是由于随着埋深的增加,地温升高,一方面甲烷气体分子的运动速度逐渐加快，另一方面地层水黏度逐渐降低，甲烷分子通过岩石的扩散速度加快，扩散系数逐渐增大。

4. 实例

通过实测盖层样品的扩散系数进行盖层封闭性评价普遍被广大科研工作者采用，如胡国艺等(2009)通过我国大中型气田盖层扩散系数测定和统计分析(图 2-44)，说明了我国大中型气田盖层扩散系数主要分布在 $10^{-6} \sim 10^{-7} cm^2/s$，约占 43%；其次分布在 $10^{-7} \sim 10^{-8} cm^2/s$，占 28%；小于 $10^{-8} cm^2/s$ 的约占 20%。根据盖层的扩散系数评价标准，我国大中型气田扩散系数通常较小，封闭能力较强，总体上评价为 I～II 类。

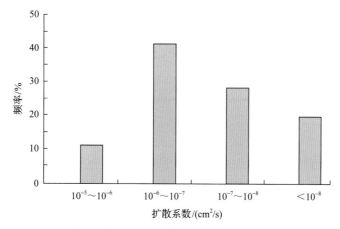

图 2-44 我国大中型气田盖层扩散系数频率分布(胡国艺等，2009)

张璐等(2015)开展了四川盆地高石梯-磨溪地区震旦系—寒武系气藏泥岩盖层在不同围压和温度下扩散系数的变化研究。实验表明：在注气平衡压力 4MPa 的情况下，盖层干样的扩散系数为 $1.03 \times 10^{-10} \sim 2.36 \times 10^{-7} cm^2/s$，并且其数值随着围压和温度的变化而变化明显。在不考虑构造裂缝及烃浓度封闭的情况下，按研究区灯影组以及龙王庙组已发现的气藏面积和地质储量计算，在没有烃源注入的情况下，灯影组气藏的天然气会在 144Ma 中消失殆尽，而龙王庙组气藏会在 156Ma 内扩散消失。因此再考虑渗流因素，高石梯-磨溪地区灯影组气藏的自然年龄约为 72Ma，而龙王庙组为 78Ma，即单纯靠盖层的物性封闭机理，大型气藏会在短时间内扩散消失。这也从侧面反映了上覆超压层对下面气藏的封盖作用，即震旦系—寒武系气藏得以保存且龙王庙组气藏保留较高的压力系数需要物性封闭和超压封闭的共同作用。

三、岩石轴应力应变测试

构造应力作用下岩石脆塑性变形是一种常见的地质现象，不同岩性盖层其变形机制及脆塑性控制因素存在较大差异。影响盖层脆塑性既有内因(岩性、物性)，也存在外因(埋深、围压、温度等)，从野外观察结果出发，以岩石力学特征为基础，结合岩石微观变形特征，不同岩性盖层构造挤压作用下主要存在三种变形机制：脆性、脆塑性和塑性变形。

1. 测量原理

岩石变形历经脆性、脆塑性和塑性三个阶段，不同岩性脆塑变形条件及阶段划分临界值不同，且不同变形阶段岩石变形机制及模式迥然不同。目前，岩石脆塑性变形机制差异性主要从以下三方面考虑。

(1)从野外宏观变形特征来看，脆性阶段盖层以脆性破裂为主，如塔里木盆地库车前陆冲断带拜城盐场盐内脆性断裂，盐岩发生脆性破裂，形成断层泥填充型断裂带，填充物特征为断层泥含大量盐粒，去坚硬表层，内部断层泥类似于"揉好的面"[图 2-45(a)]；脆塑性阶段盖层以发育典型泥岩涂抹为特征，如东秋背斜膏泥岩涂抹变形，膏泥岩发生塑性变形被拖入断裂带中，形成剪切型泥岩涂抹[图 2-45(b)]；塑性阶段具有流动特征，盐沿着断裂塑性流动挤出模式，并在断裂顶部出露，为典型的塑性变形，在西秋构造带发现了出露地表的吉迪克组砂岩与库姆格列木组盐岩[图 2-45(c)]。

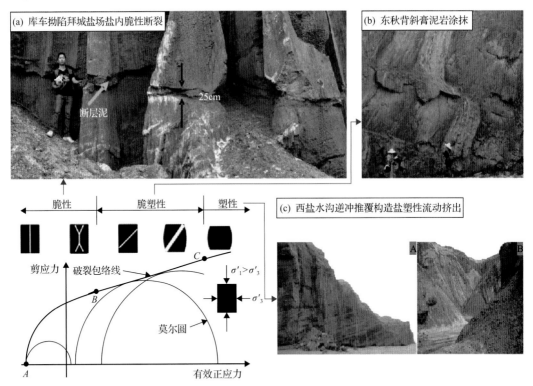

图 2-45　岩石宏观脆塑性变形特征差异

σ_1'-施加于岩中的围压(小主应力)；σ_3'-施加于岩石中的轴向压力(大主应力)

(2)微观上，脆性阶段主要以剪切破裂和微破裂为主，应变量一般小于 3%(Evans and Chester, 1995)，表现为应变软化特征；脆塑性阶段既有局部破裂，也发育塑性变形，应变量一般大于 3% 且小于 5%(Evans and Chester, 1995)，该阶段具有应变硬化特征，应力降开始明显减小；塑性阶段完全表现为塑性形变，具有流动性，应变量普遍大于 5%(Evans and Chester, 1995)，该阶段围压基本不起作用，主要受温度控制(图 2-46)。

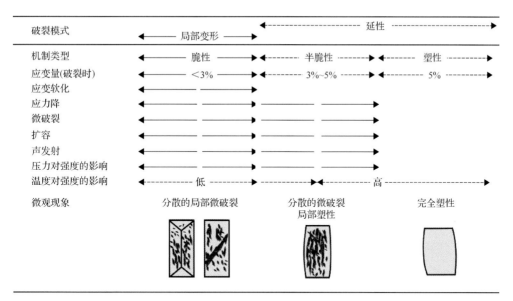

图 2-46　不同脆塑性阶段变形、应力应变以及微观特征(Evans and Chester，1995)

(3)基于三轴压缩试验，从应力应变曲线特征来看，脆性阶段破裂后应力应变曲线突变；脆塑性阶段曲线稳定逐渐降低；塑性阶段应力应变曲线达到峰值后不会降低，即应力降趋近于零(图 2-47)。

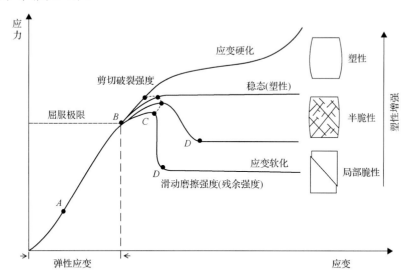

图 2-47　应力应变曲线特征及相关参数的确定(据 Faulkner et al.，2010，有修改)

岩石脆-塑性转换是指从岩石的局部形变破坏(宏观破裂)到宏观均匀流动变形(包括各种变形，如碎裂流动)的转化。岩石变形实验研究结果表明，岩石脆-塑性转换与岩石的组分、温度、压力、应变率等因素的变化有关。当温度和压力升到足够高时，岩石的纯脆性行为转变为塑性，从脆性到塑性通常存在转换带，包括微观尺度上脆性和塑性作用的混合物，流变学上为宏观延性。浅部脆性断层在一定深度(主要取决于岩性和状态条件)以下将变成塑性剪切作用，碎裂圈和塑性圈之间的过渡标志着岩石力学性质的显著变化，限制了正常脆性现象的发生深度。

Kohlstedt 等（1995）给出了脆-塑性转换的定量表征模式图（图 2-48），定义脆性破裂的莫尔-库仑（Mohr-Coulomb）准则与 Byerlee 摩擦定律的交点为 BDT（brittle-ductile transition），即脆性与半脆半塑性（脆塑过渡带）的分界点，认为是一种形变模式的转变；定义 Mohr-

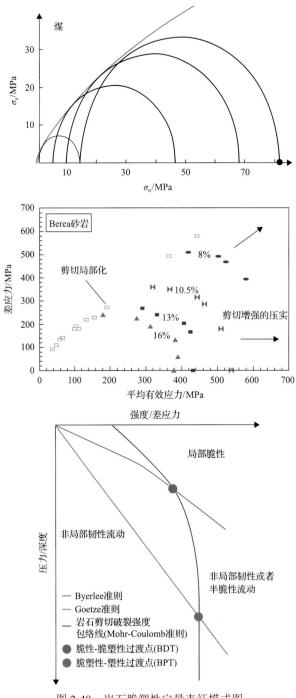

图 2-48　岩石脆塑性定量表征模式图

Coulomb 准则与 Goetze 准则的交点为 BPT (brittle-plastic transition)，即半脆半塑性与塑性的分界点，认为是一种形变主要机制的转变。

岩石脆性破裂满足莫尔-库仑准则。脆性破裂强度指对应峰值差应力，其强度随着围压的增加而变化。脆性破裂的表征方法一般有库仑破裂准则、格里菲斯准则、修正格里菲斯准则以及莫尔-库仑破裂准则。莫尔-库仑破裂准则为实验准则，其包络线一般为二次曲线 (Myrvang，2001)，不同孔隙度砂岩也同样具有此特征。

Byerlee 摩擦破裂包络线标志着脆性破裂的结束。岩石在应力作用下，初始变形为弹性变形，当应力超过了屈服点，岩石在屈服下发生一段非弹性变形后，发生破裂，该破裂称为脆性破裂，破裂强度 (剪切力) τ 遵从库仑定律：

$$\tau = c + \mu\sigma_n \tag{2-51}$$

式中，τ 为剪应力，MPa；μ 为内摩擦系数；σ_n 为正向应力；c 为黏聚强度。

在 σ_1 和 σ_3 坐标下表示为

$$\sigma_1 = 2c\sqrt{\frac{1+\sin\varphi}{1-\sin\varphi}} + \frac{1+\sin\varphi}{1-\sin\varphi}\sigma_3 \tag{2-52}$$

式中，φ 为滑动摩擦角。

对于纯脆性材料，当应力超过了屈服点，材料立即发生脆性破裂，在不同围压，岩石的内摩擦系数几乎是恒定的。当岩石破裂后，内聚力约为零，在剪切力作用下，岩石实现摩擦滑动，滑动摩擦系数近似与内摩擦系数相等。滑动摩擦强度 (剪切力) 随围压 (深度) 呈线性关系。Byerlee (1978) 研究表明，对许多纯脆性岩石，滑动摩擦强度与岩石的成分关系不大，通过大量实验，在低围压下，纯脆性岩石破裂后的滑动摩擦系数约为 0.85，滑动摩擦强度与摩擦力相等 (滑动缓慢)；而在高围压下，其摩擦系数约为 0.6，滑动强度大于摩擦力 (滑动加速)，得出经验摩擦定律，被称为 Byerlee 摩擦定律：

$$\tau = \begin{cases} 0.85\sigma_n, & 3\text{MPa} < \sigma_n < 200\text{MPa} \\ 60 + 0.6\sigma_n, & 200\text{MPa} < \sigma_n < 1700\text{MPa} \end{cases} \tag{2-53}$$

式中，τ 为破裂强度。

在 σ_1 和 σ_3 坐标下表示为

$$\sigma_1 - \sigma_3 \approx \begin{cases} 3.7\sigma_3, & \sigma_3 < 100\text{MPa} \\ 2.1\sigma_3 + 210, & \sigma_3 > 100\text{MPa} \end{cases} \tag{2-54}$$

对非纯脆性材料，岩石中有塑性行为，当应力超过了屈服点，岩石在屈服下发生一定非弹性变形后，发生脆性破裂，屈服变形和内摩擦系数大小取决于岩石中的塑性成分，塑性成分越多，其屈服变形越大，而内摩擦系数越小，破裂后的滑动摩擦系数也变小，其破裂后的滑动摩擦不满足 Byerlee 摩擦定律。当塑性成分达到某一临界值时，此时摩擦系数很小或接近于零，岩石不会发生脆性破裂，岩石表现出塑性变形，一直处于硬化过程。一般定义屈服变形小于 3%，为脆性材料。

在差应力 σ_1-σ_3 和围压 σ_3 坐标中，在低围压下，岩石表现出纯脆性破裂，峰值破裂曲线是直线,斜率与破裂后的滑动摩擦曲线相近(Byerlee 摩擦定律),随着围压增大,岩石中表现出塑性特征,岩石的内摩擦角及滑动摩擦角都减小,此时不同围压,破裂点在图中描绘为曲线。当岩石破裂强度(差应力峰值)与围压恰好满足 Byerlee 摩擦定律时,即破裂曲线与 Byerlee 摩擦定律描述的脆性滑动摩擦直线相交,相交点被作为岩石脆性向脆塑过渡转变点。

Byerlee 摩擦定律表征脆性破裂发生的临界条件,当岩石剪切破裂强度与围压恰好满足 Byerlee 摩擦定律时,岩石开始向脆-塑过渡转变(Kohlstedt et al.,1995)。

应力降低趋近于零是岩石塑性蠕变的临界条件。继续增加围压,岩石处于脆塑过渡阶段,由于塑性成分增多,岩石发生脆性破裂后的应力减小,当围压增加到某一临界值时,应力降为零,此时岩石主要表现出塑性变形,不发生脆性破裂。Goetze(1972)基于实验数据,当应力降为零时,大部分数据表明所加的围压(或有效围压)约与破裂强度$(\sigma_1-\sigma_3)$相近时,标志着脆塑向塑流过渡的转变临界点,该经验定律为 Goetze 准则:

$$\sigma_1 - \sigma_3 = \sigma_3$$

2. 测试设备

利用岩石加温加压变形仪,该仪器可以边加温加做压缩实验,温度可达到 180℃,温度误差在 1℃ 以内,围压为 0~6MPa。实验设计做不同围压、不同温度的三轴应力应变物理模拟实验,温度点为 50℃、75℃、100℃、125℃、150℃,围压点为 5MPa、10MPa、20MPa、30MPa、40MPa。实验过程中仪器记录样品应力应变过程。

3. 实例

为了定量评价膏岩、盐岩和泥岩等不同岩性三轴应力应变特征,该次研究从阿克苏盐场选取了大块膏岩和盐岩样品,并在室内钻取 $\Phi25mm \times 62.5mm$ 大小的岩柱 50 个,两端磨平(图 2-49)。

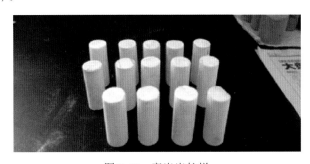

图 2-49　膏岩岩柱样

1)膏盐岩三轴应力应变测试

膏岩和盐岩应力应变岩石学特征既有相同点又有不同点。其中,一般情况下,膏岩和盐岩应力应变过程均可分为四个阶段(图 2-50):压密阶段、弹性阶段、塑性阶段、破坏阶段。由于膏岩和盐岩孔隙度较小,压密阶段时间很短,即在很小的应力状态下盐岩即可达到其压密强度,温度越低,压密阶段的时间越短;弹性变形阶段应力与应变呈线性关系，应力取消时变形可恢复原状；当受力超过屈服强度时，膏岩和盐岩变形进入塑性阶段，应力取消岩石应变无法恢复，应力与应变为非线性关系；当受力超过岩石抗压强度时，膏岩和盐岩进入第四个变形阶段——破坏阶段，其中，当岩石为脆性时，破坏阶段表明为脆性破裂，岩石轴向应力突然下降，应变不连续；当岩石为塑性时，破坏阶段表现为塑性流变，岩石轴向应力逐渐变化，应变连续。

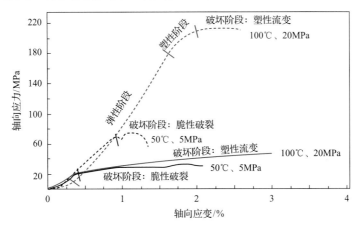

图 2-50　膏岩、盐岩三轴加温加压应力应变阶段划分

实线为盐岩应力应变曲线；虚线为膏岩应力应变曲线

　　二者不同之处十分明显(图 2-51)：首先抗应变能力不同，膏岩抗形变能力强，变形所需应力大；盐岩抗形变能力较弱，变形所需应力相对小，即盐岩塑性强、膏岩硬度大。其次对温度的响应不同，膏岩随温度升高塑性变形先降低后升高，盐岩随温度升高塑性变形能力逐渐增强，盐岩受热温度越高，抗压强度越低，发生塑性变形所需的应力越低，一定温度下破坏阶段与塑性阶段合二为一，盐岩可呈夏天的奶油状流动。

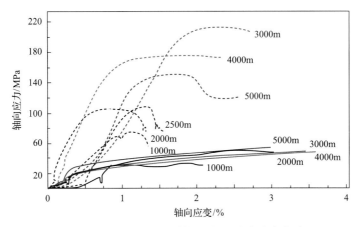

图 2-51　膏岩、盐岩三轴加温加压应力应变曲线

实线为盐岩应力应变曲线；虚线为膏岩应力应变曲线

　　基于膏盐岩三轴加温加压物理模拟实验，结合盖层脆塑性转换定量表征方法，判定盐岩脆性向半脆性转换临界埋深为 600m 左右，半脆性向塑性转换临界埋深为 3000m 左

右(图 2-52)。纯净膏岩脆性向半脆性转换临界围压为 46MPa，相当于埋深 1740m，半脆性向塑性转换临界围压为 90MPa，相当于埋深 3400m(图 2-53)。

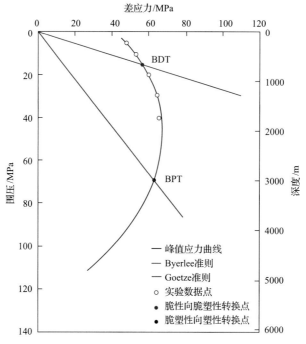

图 2-52　纯盐岩脆-塑性转换临界条件

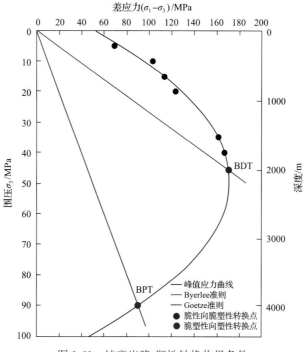

图 2-53　纯膏岩脆-塑性转换临界条件

塔里木盆地库车前陆盆地克拉苏构造带库车期—西域期平均古地温梯度28℃/1000m、年地表温度15℃计算,分别建立了膏岩和盐岩的脆-塑性变形模式(图2-54)。由图可见,膏岩脆性强,抗破坏能力大,不易达到塑性变形阶段,快速强挤压应力状态下多为弹性变形,脆-塑转换曲线具有随埋深增大抗压强度增强,之后降低的趋势,盐岩和膏岩脆塑过渡域分别为600~3000m、2000~4000m,塑性变形域分别为大于3000m、大于4000m,因此,膏盐岩盖层最佳封闭阶段对应于埋深3000m以深。

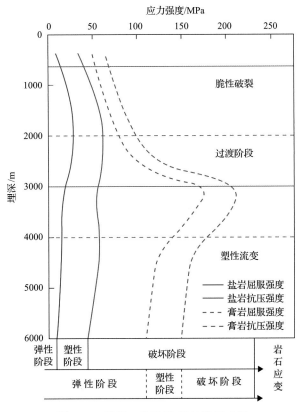

图 2-54 膏岩、盐岩脆-塑转换模式图

膏岩层常见矿物转化脱水反应如下:

$$CaSO_4 \cdot 2H_2O = CaSO_4 + 2H_2O$$

膏岩层中石膏硬石膏化等脱水反应与膏岩矿物组成、粒度大小、孔隙流体盐度和地温梯度有关,一般发生在地温为 70~105℃时。按照上述克拉苏构造带古地温梯度及地表温度计算,克拉苏构造带膏岩矿物转化脱水对应的埋深大致为 2~3km,恰与膏岩脆性增强阶段吻合。层间水的脱出增加了孔隙流体压力,一般来说流体压力增加有利于盖层封闭,但同时降低了岩层有效应力,在构造挤压状态下易产生裂缝,甚至断裂,使膏岩盖层封闭能力大大降低,其下油气易散失;随着膏岩埋深增加、层间水的脱出以及沿断裂、裂缝的排出,裂缝愈合,岩层塑性增大,盖层封闭能力亦增强。

膏岩、盐岩具有低温脆变、高温塑变特征,膏岩与盐岩互层时,因盐岩应变所需应力较小，故岩石以盐岩变形为主。纵向上，埋深在 600m 以上盐层以脆性为主，快速挤压受力易破裂，发育断裂和裂缝，油气易散失；3000m 以下盐层完全呈塑性，在挤压变形过程中盐层塑性流动释放构造应力，盖层不易破裂，已有断层也因盐层的流动变形而消失，是良好的盖层；600～3000m 为脆-塑过渡段，快速强烈挤压时，特别是剪切应力作用下，盖层可产生穿盐断裂，3000m 为克拉苏构造带膏盐岩盖层开启与关闭的关键深度段。

2）泥岩三轴应力应变测试

以泥岩岩石力学特征为基础，根据岩石三轴应力应变曲线，确定不同围压条件下对应的峰值强度，进而应用盖层脆塑性定量表征方法定量厘定泥岩脆-塑性转换临界条件。实验表明，泥岩应力应变特征明显与膏盐岩不同，强应力作用下以剪切破裂为主。

泥岩样品采自拜城盐场库姆格列木群，其应力应变曲线明显表现为脆性特征，实验后岩柱表现为剪切破裂特征（图 2-55）。

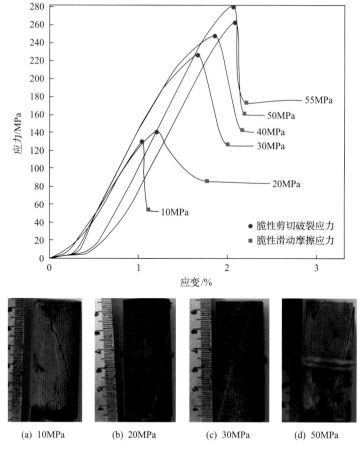

图 2-55　拜城盐场泥岩应力应变曲线及岩柱破裂特征

基于盖层脆-塑性转换定量表征方法，判定泥岩岩石变形域共分为脆性和半塑性（半脆性）两个阶段，脆性向半塑性转换临界围压为 74MPa，相当于埋深 3200m（图 2-56）。

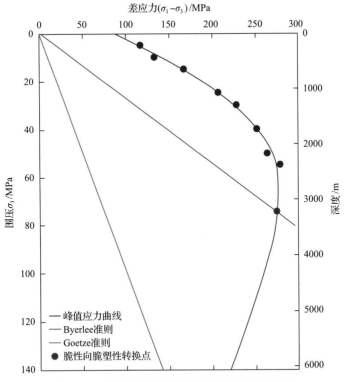

图 2-56 拜城盐场泥岩脆-半塑性转换临界条件

第三章　油气运移聚集物理模拟技术

在油气勘探过程中，对油气成藏机理及富集规律的正确认识，是发现更多油气聚集区的基础。我国油气地质条件复杂，单纯地从理论上去研究油气运移聚集机理和富集规律，并不能达到理想的效果，因此，对油气运移聚集问题的研究，需要应用多学科、多技术的交叉来进行。基于此，油气运移聚集物理模拟技术成为油气成藏研究的一种手段越来越被重视，它可以更加直观地观察到不同地质边界条件下的油气运移聚集过程，为某一地区的油气成藏机理提供科学依据，合理解释油气成藏地质问题，对成藏理论研究起到重要支撑。

第一节　一维油气运移物理模拟技术

一维油气运移物理模拟技术是指在可视玻璃管或者钢管设备中模拟不同温度压力条件下油气在不同倾角地层中的运移情况，以及油气在运移过程中的组分、碳同位素变化等的一项技术。

一、技术研发

为了实现油气在不同倾角地层的运移路径的观察和分析油气在运移过程中的组分、碳同位素变化等研究，中国石油天然气集团公司盆地构造与油气成藏重点实验室自主研发了一维油气运移物理模拟装置，装置主要由恒温箱和模型两大部分构成(图3-1)。

图 3-1　一维油气运移物理模拟装置

恒温箱体主要实现对实验模型进行加热和保持箱体内的温度，以达到不同的温度环境下的物理模拟实验。恒温箱参数：①有效内空间尺寸为 2000mm×400mm×400mm。

②最高工作温度 150℃。③恒温套单面玻璃可视窗，安装有高温搅拌风机，背面安装 6 个测压传感器(不可视模型入口、模型和出口共 5 个，最高工作压力 60MPa；可视模型入口 1 个，最高工作压力 1MPa)。④恒温箱视窗可以上翻，内部设置角度可调镜面。⑤恒温箱内可安装两种模型，一维可视模型和不可视模型。其中可视模型用户自备，模型夹具可实用模型瓶颈范围为 30~50mm，长度方向可调；不可视模型支承采用实用不同长度模型的多点支承。⑥可根据实验要求进行倾角模拟，可示值并锁紧。

模型可以使用可视玻璃管和钢制管模型两种。玻璃管模型主要自备，实验压力控制在 1MPa 以内，样品取样根据玻璃管模型设计的取样点确定，一般是在流体输出端取样，这种模型特点是安装模型简单，并可以直观地观察到油气的运移情况，但不能承受高压，是其不足之处。钢制管模型可用于高温高压，但不可视，需要专门制作模型管，指标参数：①模型有效空间 Φ38mm×1800mm(1000mm+600mm+200mm)，其中 1000mm 及 600mm 长度的模型要求内孔打毛处理，以防流体窜流；200mm 长度的要求内孔光滑，安装挤压活塞，配有位移光栅尺。②模型最高工作温度为 150℃。③模型最高工作压力为 50MPa。④模型圆柱面设有等距的测压点 3 个，间距 450mm。

该技术特色：①可以通过照相或者录像观察再现油气在不同地层倾角的油气运移路途；②可以进行不同时间段、不同运移距离的油气取样；③通过样品组分和碳同位素等分析，研究油气在不同粒度储层中运移的分馏效应。

二、实验流程

采用自备的玻璃管模型，根据地质条件，在玻璃管中装入相同或者不同的玻璃微珠，并饱和水，用于模拟饱和水的碎屑岩类储集层。将模型装入恒温箱中进行温度设定，通过注入装置将油或气体从底部注入，油、气运移路径将根据粒度不同，首先会沿着油气优势运移通道进行运移。实验流程：①根据模拟地质体选取不同规格的玻璃微珠来填装实验模型；②将模型固定于恒温箱的模型夹中；③连接管线，安装好照相机，调试计算机控制系统；④设定恒温箱温度对模型进行加温；⑤开启注入系统向模型充注油或气；⑥设定样品采集时间或采样点；⑦观察油气充注现象和送样品进行分析。

三、应用实例

一维物理模拟实验可以直观地观察油气在不同粒度玻璃微珠中的运移路径，因此，一些学者利用一装置进行实际地质体中的优势运移通道研究。自 1909 年以来，许多国内外学者一直重视油气二次运移和聚集模拟实验研究(曾溅辉等，1997)，如 Munn(1909) 进行了流动的水对石油在地层内分布影响的实验；Emmons(1924)取一根长约 1.8m 的玻璃管，把它弯成两翼倾斜度约为 15°的背斜地层形状，模拟浮力对石油聚集的影响；Illing(1933)进行了水和石油通过某些粗细交替砂层而流动的实验；Hubbert(1953)进行了动水条件下油、气、水界面倾斜的实验等，而利用玻璃管进行的物理模拟实验也是应用于油气的二次运移研究；Dembicki 和 Andcrons(1989)使用了 60cm×2.5cm 玻璃管，填满亲水沉积物进行了油气二次运移实验，表明在绝大多数情况下，石油可能在多孔、渗透

性沉积地层中沿有限通道二次运移,只有极少量油作为运移通道中残余油的形式损失掉;
Catalan 等(1992)也用装有玻璃微珠或砂粒的长玻璃管来研究静水条件下石油的二次运移,通过设置不同的玻璃微珠粒径、油的密度、油水界面张力以及玻璃管倾角参数,实验结果表明,在水润湿的储集岩中,只有当连续油相的垂直高度大于最小运移高度时,二次运移才能发生,最小运移高度取决于孔隙结构、油的密度和界面压力。油、气沿有限的固定通道运移,运移通道的直径约为 1cm 的倾斜地层中,油气运移的效率大于垂直地层油气运移的效率。2000 年之后,我国有些学者也进行了一维油气运移物理模拟实验:李剑等(2003)通过自主设计一维天然气成藏物理模拟实验装置,采用真实岩心,进行不同物性的岩心天然气运移过程中天然气的分馏效应,探讨扩散运移引起的天然气组分及其碳同位素分馏作用与岩石物性之间的关系。侯平等(2004)利用一维可视玻璃管(55cm×2.56cm)进行实验,在玻璃管中填装玻璃微珠(湿填法)强亲水模型,系统观察了不同原始油柱高度和不同注入速率的染色煤油在饱含水孔隙介质中的运移过程,实验表明,油气运移有平稳运移、指状运移和优势路径运移三种模式,代表了不同的运移路径饱和度,揭示了不同的运聚效率及不同的运移损失量。张发强等(2004)也利用一维玻璃管模型,通过填装玻璃微珠饱和水后进行油的充注:①从玻璃管的上部注油,然后将玻璃管模型倒置夹在托架上,观察油在孔隙介质中驱替孔隙水的过程;②直接将玻璃管夹在托架上,从底部注入石油,观察运移过程,实验表明,运移的形成过程、路径的形态以及油在已形成的路径内的运移均表现出强烈的非均一性,最初形成的优势运移路径是油气再次运移的路径。周波等(2008)和姜林等(2010)利用一维玻璃管模型进行了油气二次运移过程中运移效率、组分的变化。由此可见,一维油气运移物理模拟实验对油气运移聚集机理提供了可供参考的实验依据。下面以姜林等(2010)利用自主研发的一维油气运移物理模拟装置,应用于天然气二次运移组分变化机理研究的实验来进行阐述。

天然气二次运移宏观现象实验装置主要包括直玻璃管(长 1.55m,外径 40m,内径 33mm),玻璃微珠若干(实验 1 采用 0.8~1.0mm 玻璃微珠充填玻璃管,实验 2 采用 0.4~0.6mm 玻璃微珠充填玻璃管),混合气一瓶(图 3-2)。实验 1 将天然气注入压力调整到 0.025MPa,观察天然气运移过程的变化。实验 2 将天然气注入压力调整到 0.025MPa,观察天然气运移过程的变化;然后调整注入压力为 0.12MPa,观察天然气运移过程的变化。另外,为了便于观察现象,事先将模型中的饱和水染成红色。

1. 实验现象

实验 1 开始,天然气直接沿优势通道运移,在玻璃管内侧形成零星的白点;运移至 30~40cm 处,管柱内侧的白点开始变得密集;运移至 60~70cm 以上,白点更加密集,并且白点的位置在频繁地变化[图 3-3(a)];实验 2 将注入压力调节到 0.025MPa,实验开始后,天然气在管柱底部形成 15cm 左右白点密集分布的运移段;其上至管柱出口,管柱内侧几乎看不到白点的分布。调节注入压力至 0.12MPa 后,管柱底部聚集段的高度增加至 25cm 以上;其上至管柱出口,管柱内侧有白点分布但不很密集,而在 70~80cm 以上的位置,管柱内侧白点的分布位置不是很稳定[图 3-3(b)]。

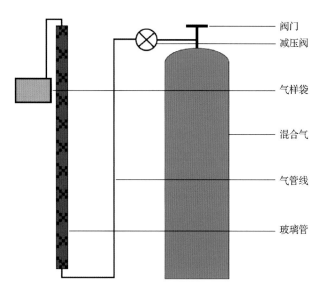

图 3-2　天然气二次运移物理模拟实验装置

(a)　　　　　　　　　　　　　　　(b)

图 3-3　天然气二次运移物理模拟实验过程

2. 实验过程分析

天然气在饱和水的玻璃微珠充填的玻璃管内运移的过程中,主要受到 3 种力的作用:供气驱动力、浮力和毛细管力。其中供气驱动力和浮力是运移的动力,而毛细管力是运移的阻力。当运移的速率小于供气的速率时,天然气会聚积;当运移的速率大于供气速率时，天然气会沿优势通道运移。

实验 1 充填的玻璃微珠粒径比较大，形成的孔隙比较大，致使毛细管阻力非常小，因此运移的速率比较高，大于 0.025MPa 注入压力时的供气速率，在玻璃管柱底部没有形成天然气的聚集。

实验 2 充填的玻璃微珠粒径比较小，形成的孔隙比较小，致使毛细管阻力较大，因此运移的速率不高，小于 0.025MPa 注入压力的供气速率，在玻璃管柱底部形成天然气的聚集；调节注入压力至 0.12MPa 后，供气速率增大，天然气在管柱底部聚集段的高度也相应增大。由于 0.025MPa 注气压力时的供气速率不高，因此天然气的运移过程不活跃，一些现象被隐藏在管柱内部，很难被观测到；而当调节注气压力至 0.12MPa 后，由于供气速率的提高，天然气运移变得活跃起来，并且运移范围也有所增大，可以从管柱内侧观测到运移过程的变化。

根据实验现象观测，结合天然气运移特征分析，可将实验过程中天然气的运移分为 3 个阶段。

活塞流阶段：当运移速率小于供气速率时，主要依靠供气驱动力使天然气克服毛细管阻力不断向玻璃微珠孔隙中充注，而且由于玻璃微珠的填充具有相对均一性，因此充注率很高，几乎充满每一个孔隙，使得管柱底部形成一个白色的气柱。在这个过程中，天然气受到的浮力随着气柱高度的增加而不断增大，天然气运移的速率也在逐渐增大。

优势流阶段：当运移速率大于供气速率时，天然气沿着具有一定范围的孔隙、喉道相对较大的优势通道运移，可以看到管柱上星星点点地分布着白色的气孔。在这个过程中，天然气受到的浮力逐渐增大，成为天然气运移速率实现突破的关键因素。因此下部天然气的积聚使气柱达到一定的高度，是达到这个运移阶段的必然过程。

断续流阶段：随着天然气的不断推进，天然气受到的浮力不断增大，运移速率也不断增大。由于天然气呈气态，分子间的相互作用力很弱，当运移速率达到某个临界值时，天然气的运移通道可以断开，具有一定气柱高度的天然气可以在浮力的作用下继续运移。天然气在运移过程中会被分散而气柱高度不断减小，当气柱高度减小到一定程度时，受到的浮力将小于毛细管阻力，运移也转到活塞流阶段，但随着天然气的不断积聚，又进入优势流阶段。活塞流与优势流相互交替就形成了断续流，这个运移阶段就是断续流阶段。

第二节　二维油气运移聚集物理模拟技术

二维油气运移聚集物理模拟技术是采用自主研发的二维可视油气运移聚集物理模拟装置，进行不同地质边界条件下的油气运移聚集模拟，实现不同地质体油气运移和聚集的观察，从而进行油气藏形成机理和油气富集规律研究。

一、技术研发

该实验技术可以直观判断油气运移情况和油气富集规律。技术的核心是二维可视物理模拟装置的设计，目前国内部分石油院校开展这种设备的研制，如中国石油大学(北京)、东北石油大学和中国石油大学(华东)等(曾溅辉和王洪玉,1999;张洪等,2004;付晓飞等,2004;姜振学等,2005;孙永河等,2007;赵卫卫和查明,2011),装置组成大同小异,主要由注入系统和模型系统构成,模型设计上各家根据研究对象和实验目的不同也有一定的差异。对于二维可视油气运聚模型的研发来说,目前最大的缺陷是无论是用有机玻璃制作的砂箱模型,还是用不锈钢和钢化玻璃制造的二维模型都不能实现对模型的加压,这导致模型内设置的不同地质体的孔渗性非常好,与地下的地质情况相差太大,很难形成类比,甚至当模型变化角度时设置的地质体会发生变形或者垮塌。用不锈钢和钢化玻璃制造的二维模型通常是用旋拧螺丝的方式给模型加压,但是这种方式可能出现螺丝拧到底无法压实模型或者压实过猛,导致钢化玻璃制作的视窗形成破裂而损坏仪器设备。因此,如何实现二维可视模型的加压压实是二维可定量挤压油气运聚可视物理模拟装置需要解决的关键技术问题。自主研发的二维油气运移聚集物理模拟设备针对已有设备的不足,比前人的二维油气运移物理模拟装置有所改进,设计更加完善。设备由模型主体、顶压板(带活塞)、底压板(玻璃视窗)、压力测点(注入和挤压共 2 个、1MPa)、模型支架等组成(图 3-4)。模型主要技术参数:有效空间 510mm×330mm×40mm;最高工作温度 150℃;最高工作压力 1MPa;侧面设 20 个注入/采出口(上下各6 个,左右各 4 个)。

图 3-4 二维油气运移聚集物理模拟装置

(1)顶压板带活塞,可定量加挤压。

(2)底压板为视窗,由高强度玻璃造成。

(3)模型主体四个角,设计成 R 弧过渡,密封可靠。

(4)模型固定在支架上,可移动,可轴向 180°旋转,可示值并锁紧。

(5)制造模型支架的下部平台,其宽度与原三维支架相同,便于和原保温箱对接。

(6)模型的注入/采出口,设计规格为 Φ3mm,注入/采出口从模型的顶面或底面引出,注入/采出口的引出结构要保证在模型最高运行温度和最高运行压力下不渗漏;注入/采出口要具有防砂功能,在实验过程中确保不出砂。

技术特点：用于模拟在不同地质体的油气运移和聚集过程，并可以通过肉眼实时地观测。通过活塞对二维地质模型压实，避免了因二维地质模型压实过量导致可视盖板形成破裂而损坏仪器的情况，也避免了因二维地质模型压实不足而产生明显可见的变形或垮塌，导致模型填装失败的情况，解决了因二维地质模型压实不足而产生不可见的变形或垮塌，导致运移输导体系不可预见的多解性问题，保证实验现象和实验结果的真实性。实验过程中，不需要实验人员实时观测，实验分析只需顺序播放定时照片，分析实验过程，研究地质过程，并进行油气运移聚集机制分析等。

二、实验流程

该实验技术不仅可以完成油气二次运聚可视物理模拟实验，还可以实现对模型的定量挤压，更好地将油气二次运移聚集物理模拟实验与地下地质条件相结合，完善油气二次运移聚集可视化物理模拟研究的手段。实验流程如下：

(1)模型填装：填装二维地质体—安装二维模型。模型填装过程中，采用饱和水填充法，在蒸馏水中填充地质模型，避免干样模型饱和水过程中发生坍塌现象。模型填装完成后，将蒸馏水注满模型腔体，然后再安装上盖板，活塞下降过程中，蒸馏水从出水口排出，保证地质模型的饱和水状态。

(2)定量挤压：连接挤压泵—注入挤压液—监测泵压至 0.8MPa 停泵。二维可定量挤压油气运移聚集可视物理模拟装置通过挤压泵打入挤压液使活塞定量压实地质模型，但是由于钢化玻璃的耐压能力有限，最多可以施加 1.0MPa 的挤压应力。为了安全起见，实验室规定挤压应力可加至 0.8MPa。

(3)实验准备：管线连接—安装实时摄录装置。实验前，需要将注入管线连接注入泵和模型注入口，并连接采出管线。之后再安装实时摄录装置。

(4)模拟实验：运行软件—注入流体—采出流体。一切就绪后，就可以运行软件，控制流体的注入和采出。需要注意的是，在注入实验流体前，最好先注入蒸馏水进行实验测试。

(5)实验分析：运聚过程回放—地质过程分析—运聚机制分析。

三、应用实例

二维油气运移物理模拟实验可以直观地反映出在不同渗透率砂体中油气充注的情况，从而研究不同地质体油气运移与富集机理。国内不少学者利用二维可视物理模拟实验进行油气运移聚集的机理研究，实验装置一般是根据不同的研究目的设计，大同小异。付晓飞等(2004)采用可视箱体(50cm×25cm×40cm)模型进行天然气运移机理的研究，以塔里木库车前陆冲断带断裂带克拉 2 气藏为主要地质模型，对天然气运移过程中的断裂输导作用开展了模拟，实验表明直接连接烃源岩和圈闭的盐下断裂是天然气运移效率相对较高的充注断裂，天然气在圈闭中聚集成藏取决于断裂组合输导模式；张洪等(2004)也应用二维可视物理模拟实验进行油气成藏的研究，以柴北缘前陆盆地南八仙和马海气田为主要地质模型，建立了实验模型，模拟了原生气藏和次生气藏的形成过程，实验结果表明天然气的运移和聚集呈幕式，断层为优势通道等运移机理，并揭示了气藏的形成过程；姜振学等(2005)利用二维物理模拟实验进行了油气优势运移通道的研究，通过实验认为地质条件下油气总是沿着浮力最大和阻力最小的方向和通道运移，形成油气优势运移通道有级差优势、分隔优势、流向优势、流压优势和断面优势五种基本模式，优势通道受输导层物性的差异、盖层沉降中心的偏移、流体动力、断层倾角及断层面几何形态控制；孙永河等(2007)也通过建立二维可视物理模拟实验来研究塔里木盆地库车前陆冲断带断裂输导效率，通过对克拉2气藏、迪那2气藏、克拉3气藏和东秋构造不同类型断裂的输导效率模拟，实验表明由盐下断裂与不直接连接圈闭的穿盐断裂构成的断裂和仅由盐下断裂构成的断裂输导模式是有效的，而由盐下断裂与圈闭破坏断裂、穿盐断裂构成的断裂输导模式和仅由单一穿盐断裂构成的断裂输导模式是无效的；赵卫卫和查明(2011)利用二维油气成藏机理模拟实验装置，来模拟解释断陷盆地岩性油气藏的成藏过程，针对陆相断陷含油气盆地济阳拗陷断层附近或翼部已发现大量下生上储式岩性油气藏，设计了静水条件下砂岩透镜体与有断层沟通或断穿的砂岩透镜体的成藏模型并进行物理模拟实验对比，来探讨岩性砂体在断层沟通或断穿条件下的油气充注模式、成藏过程和机理，实验结果说明，幕式成藏是高效的，其油气源条件、充注方式、充注压力、断层断穿及砂体自身物性是岩性油气藏成藏的主要控制因素，其中是否有断层断穿的运移通道是岩性油气藏成藏的关键。二维油气运移物理模拟可以直观地观察到油气的运移情况，因此，多用于成藏过程的观测和机理的认识。下面以我国致密砂岩气富集特征为重点，进行同层内透镜体非均质性与含油气性实验，进一步认识致密砂岩油气运移聚集特征。

1. 地质模型

我国致密砂岩气藏的形成，致密砂岩储集层中的"甜点"是油气富集的关键，因此岩性圈闭是致密砂岩气勘探重点。鄂尔多斯盆地上古生界山西组和下石盒子组储集层为一套典型的致密砂岩储集层，致密砂岩多层叠置、大面积分布：平面上连片分布，展布范围广；纵向上多层砂体叠置，砂层厚度大，沉积砂体在盆地北部大面积分布，为大面积气藏的形成提供了良好的储集空间，天然气藏基本上是储渗条件相对好的砂体形成的岩性圈闭气藏，如位于盆地北部的苏里格大气区以岩性圈闭气藏为主(图3-5)。四川盆地上三叠统致密砂岩由前陆拗陷带到斜坡隆起带具有孔渗性变好的趋势，天然气藏也多是由于构造控制的岩性圈闭气藏，在广安、合川等地区发现了天然气富集区(图3-6)。因此，该实验针对致密砂岩储集层中相对高孔渗条件的砂体与围岩存在明显的级差，进行油气充注，探讨不同渗透率级差砂岩的含油气性。

2. 实验模型

以实际地质模型为前提，采用二维可视油气运移物理模拟装置实现这一模拟。砂岩采用不同目数的玻璃微珠，20～30目代表储集物性好的砂岩，小于300目的玻璃微珠代表物性相对差的砂岩，储集物性好的砂岩被物性差的砂岩包围，通过模拟油的充注，观察不同砂岩的含油情况(图3-7)。

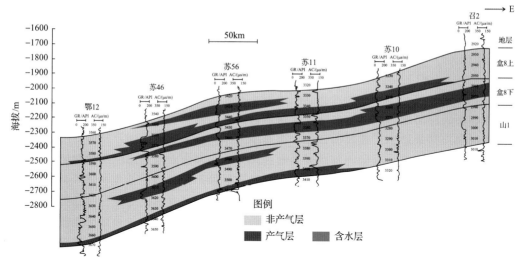

图 3-5 鄂尔多斯盆地苏里格大气区鄂 12 井至召 2 井天然气分布剖面图(邹才能等，2011)

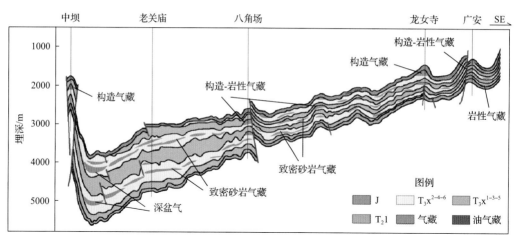

图 3-6 四川盆地中坝至广安油气藏分布剖面图

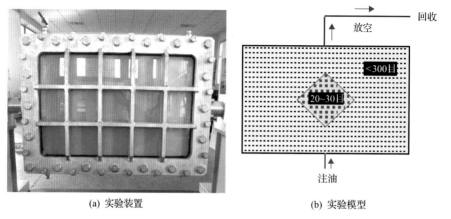

(a) 实验装置   (b) 实验模型

图 3-7 局部高孔渗砂体(透镜体)油气充注实验模型

3. 实验过程

为了更加清楚地观察油气运移过程和油气富集现象,实验要严格地按照流程进行,整个过程包括了从实验准备工作到观察实验现象。

(1)实验前准备工作:为了更加精确地进行实验,需进行设备调试、泵试压、模具注水试压、安装照相机、连接注油泵等。

(2)填装模型:模具准备完毕,选择20~30目和小于300目的两种玻璃微珠,用水湿润后按照实验方案进行填装模型。

(3)定量挤压:安装模型完成后,密封模型,连接挤压泵,注入蒸馏水,对模型进行定量挤压,直至泵压达到0.8MPa,挤压的目的是为了让玻璃微珠进一步压实,实验边界条件更加接近实际地质条件。

(4)注入煤油:运行实验软件,输入相关参数,记录数据。以不同注入速度向模型注入染色煤油,通过照相实时记录模型煤油充注情况。

(5)采集煤油:为了保证染色煤油的充分运移,在模型上方设置了采集口,以用于注入过量煤油的采集。

(6)实验结束:停止油注入,关闭注入口和排出口阀门,停止实验。

4. 实验结果

通过实时观察和照相记录,可以看到实验过程中染色煤油的充注情况。

(1)首先以0.1mL/min速率注入染红色煤油,经过240min,可以见到注入口模型底部有红色煤油出现;360min后,红色煤油往上扩散;1380min后发现红色煤油开始进入位于中心的20~30目砂岩透镜体[图3-8(a)]。

(2)进行了1440min后,改变了注油速率,以0.05mL/min速率注入红色煤油;1560min后观察到模型底部砂岩含油饱和度变化不是很明显,而透镜体砂岩含油饱和度进一步增加[图3-8(b)]。

(3)继续以0.05mL/min速率注入红色煤油,同样可见到透镜体周边的孔渗性相对差的砂岩含油饱和度变化不大,而透镜体砂体含油饱和度逐渐增加,直至整个砂体全部充满了红色煤油[图3-8(c)~(f)]。

(a) 充注1380min (b) 充注1560min

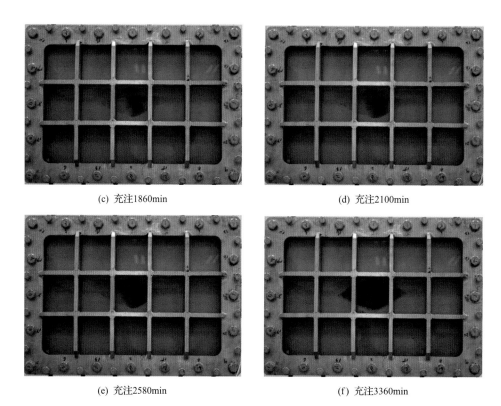

(c) 充注1860min   (d) 充注2100min

(e) 充注2580min   (f) 充注3360min

图 3-8 二维油气充注实验现象

  实验结果显示在 20～30 玻璃微珠中煤油形成了明显的富集，表明致密储集层中的局部高孔渗砂体有利于天然气的富集，这也说明了层内不同孔渗条件的地质体，油气首先富集到高孔高渗储集层中，对致密砂岩储集层中"甜点"的勘探有一定的启示作用。

  由实验观察到的结果，可以用于解释致密砂岩储集层油气运聚机理。如图 3-9 可以形象地说明不同孔渗条件的砂体天然气的充注过程：①烃源岩生成的天然气进入致密砂岩层，首先要克服毛细管孔隙结构中的毛细管力进入储集层[图 3-9(a)]；②在致密砂岩储集层中的相对高孔渗砂体(透镜体)毛细管力基本不存在，因此，通过毛细管力的作用，低孔渗砂体中的天然气向高孔渗砂体运移，当天然气进入高孔渗砂体后，在高孔渗

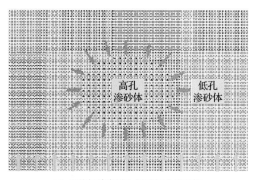

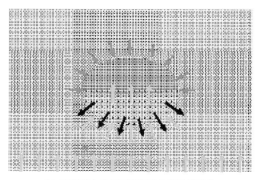

(a) 天然气首先进入周围低孔渗砂体   (b) 毛细管力作用天然气进入高孔渗砂体

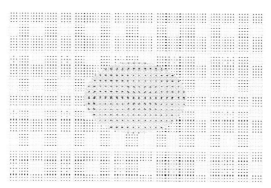

(c) 天然气在高孔渗砂体中聚集

图 3-9 不同粒度砂体天然气充注过程

砂体中天然气通过浮力的作用，首先充满高孔渗砂体的上部[图 3-9(b)]；③随着天然气的不断充注，高孔渗砂体被天然气充满，形成局部的天然气富集体[图 3-9(c)]。

第三节　三维高温高压物理模拟技术

随着我国油气勘探的发展，勘探目的层由浅层到深层是必然的趋势。对于深部油气的相态特征和成藏机理研究难度大，还存在很多难题，因此，在实验方法上不能仅局限于常温常压的条件，三维高温高压物理模拟技术的研发，正是基于模拟地下真实温压环境油气运移过程，尽可能实现实验边界条件与地质边界条件的一致性，为正确认识地下油气运移聚集机理提供实验支撑。

一、技术研发

三维高温高压物理模拟技术的研发目的是通过实验手段来跟踪地下不同深度条件下油气运移聚集情况，可以设置相对接近地下状态的温压系统，用于实际地质条件的油气运移与聚集成藏研究。目前三维高温高压油气运移物理模拟主要是通过 CT 或者核磁共振的方式实现，它是通过对实验过程中多个不连续的实验点进行扫描、切片，来分析整个油气运聚过程。这种方式对每个实验点的测量准确度非常高，但主要存在以下三个问题：①实验成本非常高；②不能实现对整个实验过程的实时追踪；③实验过程中存在辐射效应，长期从事这种实验研究，对实验人员的身体健康不利。基于克服以上问题，自主研发了一种低成本、环保、无辐射的可以对实验过程进行实时追踪的三维高温高压油气运移物理模拟装置，该系统主要由模型系统、注入系统、计量系统和采集控制系统构成(图 3-10、图 3-11)。装置研发的核心是可耐高温高压的三维实验模型和三维体内电极信息的采集，由于三维模型必须承受高压，所以模型面板不能采用玻璃材料，也就是三维物理模拟模型不能直观察到油气在三维地质体中的运移路径和聚集情况。为了解决这一问题，采用在三维地质模型中安装饱和度测量电极，可以实现对油气运移路径的实时追踪，通过对反映含油气饱和度大小的数据和压力数据自动生成"云图"，即根据所选电阻率传感器接收的信号自动生成这些电阻率所在平面的饱和度或压力云图的观察来分析油气运移路径和富集区域,可以用于高温高压条件下,不同地质体的油气运聚研究(图3-11)。

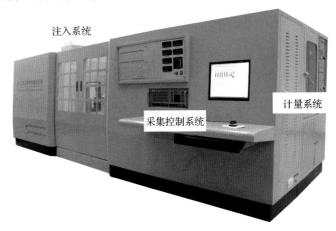

图 3-10　三维高温高压物理模拟实验装置外观

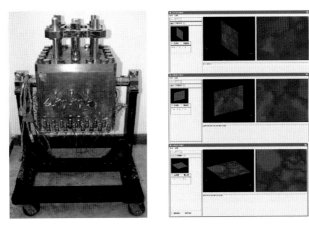

图 3-11　三维高温高压油气运移物理模拟实验模型(左)和云图(右)

1. 模型系统

(1)模型内腔填砂尺寸为 300mm×300mm×200mm,模型本体均采用 316L 材料,耐腐蚀。

(2)模型工作温度:室温至 180℃,控温精度为±0.5℃。

(3)模型工作压力:10MPa,靠注入系统和回压系统控制模型压力。

(4)为解决好模型与填砂接触面,以防窜流,对金属接触面进行特殊处理打毛,对模型井网及各个开口设计时均采取了防砂措施。

(5)主体四周可分布横向、纵向井眼压力测点等,底板上设有压力场、饱和度场及井眼 49 个测点用于传感器安装,模型可径向转动。

(6)压力测点通过引压管插入不同层面测量点压,引压管端面采取防砂措施。

(7)饱和度电性传感器可根据试验要求及研究目的,配装埋入砂层一定深度传感器,并将电信号引出。

(8)模型的流体注入：模型底部开有纵横交错相通的多个 V 形槽，在表面固有骨架网和防砂网实现平面注油，以防堵塞孔道，垫板之间设有 $\varPhi5\sim6mm$ 开孔即可，实现整体均匀注入。定点注入时采用井网的方式，于模型主体侧面距底面 160mm 处留有接口，同时在距底面 80mm 处也留有接口。

2. 注入系统

注入系统主要包括液体注入和气体注入两部分。液体注入部分主要包括高压双缸恒速恒压泵和中间容器。气体注入部分包括钢瓶、压力调节器、气动阀、标准室等。

3. 计量系统

计量系统主要有回压系统、油气水采出计量系统组成。

(1)回压系统。

回压系统由回压阀、回压容器、回压泵和回压传感器组成。

回压阀：用于模型系统压力维持，采用活塞式阀杆结构，滞留液死体积小，压力波动小。

回压容器：用于压力缓冲，316L 材料，容积 500mL，压力 70MPa。

回压泵：目前用立式微型电机控制柱塞泵，主要用于回压加载，压力可定压、跟踪注入压力控制。

回压传感器：用于采集回压压力变化。

(2)油气水三相自动计量。

油气水三相自动计量利用双管平衡、重力分离原理，采用检测、测量、微量泵自动抽吸计量技术，及时计量油气水量，对油气水量变化反应灵敏，计量精度达到±1%。由气液分离管、油水监测管、界面传感器、微压传感器、液泵、油泵、水泵、气泵等组成。

计量系统对油气水的微量变化可进行精确计量，精度可达±1%。

4. 采集控制系统

采集控制系统包括数据采集和处理，是整套动态评价装置的中枢，它关系到整个系统能否正常运行、实验能否成功。从元器件选用到电路设计，同时还要考虑到自动化程度、分辨率、灵敏度、抗干扰性能等，主要功能如下：

(1)实时采集压力(各测压点)、温度传感器(各恒温箱的温度)、含水(油)饱和度的数值。

(2)实时采集恒速泵的注入速度、累计注入量、注入压力，控制平流泵的启动、停止和注入速度。

(3)适时采集并计算产出的油气水数据。

(4)通过控制电磁阀、气动阀的开启和关闭状态改变流程的流路。

(5)通过计量注入体积，实时显示容器的液量，容器液量完毕时发出警告。

(6)采集到的数据既可以通过曲线、表格的形式直观地显示出来，同时将采集到的数据形成"云图",显示控制元件工作状态。

(7) 显示、提示用户每一工作阶段的工作流程。

(8) 通过油水自动计量装置采集到的数据,自动控制实验进程。

(9) 温度、压力上限报警。

技术特点:可通过饱和度测量电极实现油气运移路径的实时跟踪,并通过计算机输出三维图形;可以模拟地层温度、压力条件下不同地质体的油气运聚特征。与二维油气运聚模拟技术相比,具有的优势有:①实现高温高压三维油气运聚成藏模拟;②油气充注过程在线显示;③含油气饱和度在线显示。

二、实验流程

用于油气成藏过程的三维高温高压物理模拟技术在国内属于首次研发,可以用于模拟设定的温压系统三维地质体的油气运移路径的跟踪,进而分析不同地质体的油气富集情况。由于该装置涉及高温高压、数据的自动采集和成图等,操作起来要比二维物理模拟装置复杂,实验流程如下:

1. 电极安装:饱和度测量电极标定—安装电极—测试电极

为了保证电极信号在不同温度压力条件下的准确性,需要对电极进行标定。电极标定采用标定罐填装模型(图 3-12),通过测试不同温度压力条件下油水相的电极信号,确定电极对信号的响应情况。

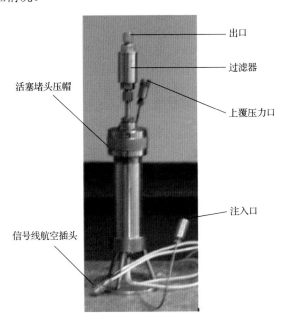

图 3-12 电极标定罐填装模型

电极标定后,按照预先设计的电极位置安装电极,可以安装 128 个饱和度测量电极,电极安装之后,将各个电极的坐标输入电极信息里。通过空气中电极响应情况与盐水中电极响应情况测试电极的工作状态,根据测试结果修复来连接电极。

2.模型填装：填装三维地质体—安装三维模型—模型耐压测试

按照预先设计的地质模型填装三维地质体，填装过程中仍然采用饱和水填充法，模型填装过程中，采用饱和水填充法，在蒸馏水中填充地质模型，避免干样模型饱和水过程中发生坍塌现象。模型填装完成后，将蒸馏水注满模型腔体，然后再安装上盖板，活塞下降过程中，蒸馏水从出水口排出，保证地质模型的饱和水状态。模型填装完成后，需要进行压力测试，保证实验过程顺利可靠。

3.管路连接：连接高压管线—连接信号电路

模型填装完成后，需要按照实验设计连接管线，包括注入管线和采出管线、压力监测管线等，并将电路与采集口连接。

4.模拟实验：运行软件—注入流体—采出流体

实验过程中，通过运行软件，控制上覆压力以及注入压力，所有需要记录的数据已经通过数据采集系统完成实时记录和存档。另外，注意回收采出流体。

5.实验分析：运聚过程回放—地质过程分析—运聚机制分析

实验过程实时记录，不需要实验人员随时观测。实验人员重点关注实验安全即可，所有数据可以回放观察，分析实验过程，研究地质过程，并进行运聚机制分析等。

三、应用实例

三维油气模拟实验是通过自主研发的三维高温高压模型系统，通过在模型中安装电极，利用不同粒度砂岩含油气饱和度不同而导致电阻率不同，经计算机软件控制鉴别油气饱和度，计算机软件处理的云图识别油气在模型中的运移路径和判断含油气情况。

1. 地质模型

基于致密砂岩透镜体油气富集机理，假设大套烃源岩中存在一定形状的砂岩透镜体，烃源岩生烃过程中，了解烃类在透镜体砂岩中富集成藏情况。

2. 实验模型

在 300mm×300mm×200mm 三维模型中，周围填充 250～300 目玻璃微珠代表泥质岩，在泥质岩中央填充 120mm×120mm×80mm 方形的 20～40 目玻璃微珠代表砂岩透镜体；布置了 128 个电极和 12 个压力传感器(图 3-13)。

3. 实验方案

(1)使用三维高温高压模型系统进行模拟实验。
(2)用氮气代替天然气。
(3)选择两种粒级的玻璃微珠：20～40 目玻璃微珠代表砂岩，250～300 目玻璃微珠代表泥岩。

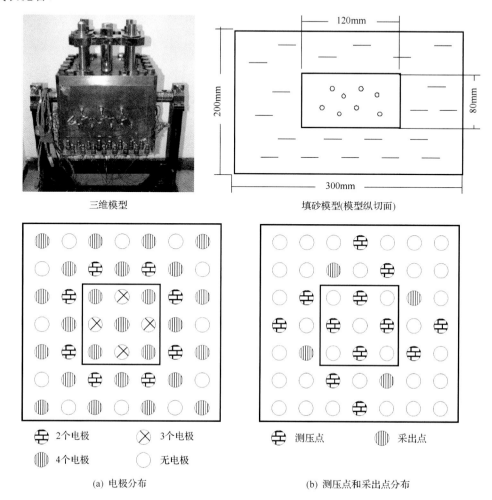

图 3-13　三维油气运移物理模拟实验模型

(4) 120mm×120mm×80mm 的方形模具，使 20～40 目玻璃微珠位于 300mm× 300mm×200mm 填充 250～300 目玻璃微珠的三维模型中央，模拟砂岩透镜体。

(5) 在模型中均匀布置 128 个饱和度监测电极以监测煤油在高温高压状态下的运移情况。

(6) 在模型中布置 12 个压力传感器探头监测模型内部的压力变化情况。

(7) 底部以"面注"形式注入氮气，在上部留 4 个采出点采出流体。

4. 实验过程及结果

(1) 模型安装及设备调试，按照设计方案，安装电极；选取不同粒度的玻璃微珠进行实验模型充填；对不同渗透率玻璃微珠进行电极标定。

(2) 通过动力注入系统对模具顶盖注水，对砂岩体进行压实，压力 9MPa。

(3) 模型压实就绪，连接好电极和压力传感器线路，将整个模型移至恒温箱中，设置温箱温度 90℃。

(4)运行软件，输入实验参数和实时采集数据。

(5)以 4.5MPa 的稳压从模型底部注入氮气，历时 13 天，实验结束。通过饱和度测量电极实时监测氮气的充注过程，实验结果显示不同阈值云图特征不一样，但总体上，在中部的 20～40 目玻璃微珠中氮气充注情况最好，表明致密储层中的局部高孔渗砂体有利于天然气的富集(图 3-14)。

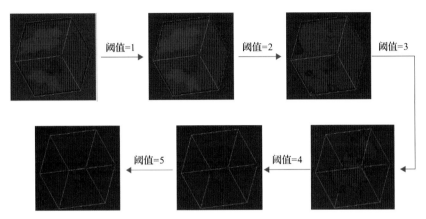

图 3-14　不同阈值的气体在不同孔渗条件砂体中的云图特征

第四节　构造变形与油气运移物理模拟技术

我国含油气盆地经历过多期构造旋回，造成了油气地质条件的复杂性。构造对油气运移聚集有重要影响，构造运动过程中油气运移模式是怎样的？断裂、盖层等地质要素在构造演化过程中对油气的控制又是如何的？为了再现构造演化过程中的油气运移聚集特征，研发了构造变形与油气运移物理模拟技术，该技术针对我国前陆盆地复杂构造带油气成藏地质问题的研究发挥了重要作用。

一、技术研发

二维可视油气运移聚集物理模拟实验和三维高温高压物理模拟具有实验的直观性和地质边界相似性，但均是静态的油气充注实验，尚未考虑到构造演化这一动态因素。实际上，地质时期频繁的构造活动对油气的运移、聚集和保存的控制作用相当明显，尤其是前陆盆地和断陷盆地等构造活动对成藏产生重要影响。基于这一理论基础，为了再现油气的动态成藏过程，中国石油天然气集团公司盆地构造与油气成藏重点实验室自主研发了构造变形与油气运移物理模拟装置，构建了构造变形与油气运移物理模拟技术，用于对实际地质模型在构造变形过程中油气运移聚集的模拟，探究复杂构造区成藏机制，指导模拟地区油气分布规律的预测。

实验装置如图 3-15 所示，主要由以下部分构成：

(1)活动板驱动：拉张和挤压运移由调速力矩电机、减速箱、传动机构、驱动活动板来实施，两个活动板可同时向同一方向和相反的方向运动。该方法调速精确，低速控制可靠，匀速运动速度 0.1～6mm/min。

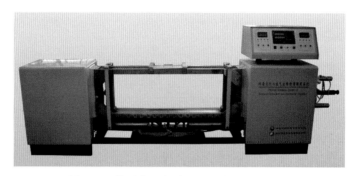

图 3-15　构造变形与油气运移物理模拟装置

(2)活动板的结构：制作材料为 1Cr18Ni9Ti，内壁安装四排螺钉，便于安装传递应力的胶皮和布，螺钉不穿透侧板，避免油气泄漏。为使活动板移动时平稳，在活动板上外引导向杆扶正，且可用来位移计量。活动板与驱动板连接方便，采用 T 形槽结构。

(3)前壁和后壁结构：制作材料为高强度钢化玻璃，使用钢化玻璃提高可视透明度，避免有机玻璃表面被腐蚀。外加网格压板，活动板的推进与模型板面活动密封，为解决砂面与玻璃面边界效应，在砂层造型面采用加载机构，即可挤压又可使填砂与玻璃面有一个骨架支撑力。

(4)底板结构：材料为 1Cr18Ni9Ti，放置五排注油孔，每排两个(图 3-16)。

图 3-16　构造变形与油气运移物理模拟装置底板注油孔分布

技术特点：该技术涉及构造变形与油气运移物理模拟，用于模拟不同构造应力(挤压或拉张)条件下，地层的构造变形情况以及构造变形过程中或者构造变形后的油气运移聚集过程，再现构造演化过程中油气运移聚集现象。主要特色：①在线应力测量及高精度位移测量技术；②挤压变形过程中油气水充注及监测技术；③自动跟踪照相、摄像技术。

二、实验流程

地层构造变形研究与油气运移聚集研究属于两个不同的学科，地层构造变形研究属于构造地质学研究范畴，油气运移聚集研究则属于石油地质学研究范畴。但对油气成藏研究来说，地层构造变形与油气运移聚集是不可分割、密切联系的过程。传统的构造变形和油气运移物理模拟实验装置的功能都比较单一，即构造变形物理模拟实验装置只能应用于构造变形研究，而不能用于油气运移研究；油气运移研究物理模拟实验装置则只能应用于油气运移研究，而不能用于构造变形研究。因此，传统的实验装置不能完整地模拟地下油气的运聚成藏过程，从而限制了油气成藏研究的深入发展。该实验技术以油气成藏过程中构造活动与油气充注的时空关系为基本原理，对实验装置进行了全新设计，兼顾了地层变形和油气充注动态过程，去探讨构造演化过程中油气的运移特征和聚集情况。实验流程如下：

(1) 根据模拟地区地质条件设计地质模型。

(2) 准备实验材料。

(3) 充填模型。

(4) 连接管线。

(5) 安装照相摄录设备。

(6) 开启电脑数据采集系统。

(7) 根据实际油气区构造演化与油气充注时期，进行挤压和油气充注。

(8) 分析实验现象，解释地质认识。

三、应用实例

构造变形与油气运移物理模拟装置在国内外尚属首次研发，获得了国内实用新型专利授权(ZL：200920109012.2)，这一实验技术被广泛应用于不同地质模型成藏研究，并取得显著效果。洪峰等(2015)应用该技术，针对前陆盆地不同构造带储集层物性的差异，进行了前陆盆地不同构造带油气充注过程和聚集的物理模拟实验，探究了储集层非均质性与油气富集的关系，为前陆盆地不同构造带成藏机制研究提供依据；杨泰等(2015)利用该技术，针对滨里海盆地南缘盐构造相关油气成藏地质条件，开展了盐焊接构造相关油气成藏模式和盐下非均质性储层油气成藏模式的物理模拟实验，深化了对盐相关构造中石油聚集成藏的理论认识，对含盐盆地的油气勘探也有一定指导作用。下面以利用该装置完成的物理模拟实验详细介绍。

1. 前陆盆地构造变形与油气运移聚集实验

1) 地质模型

针对我国前陆盆地油气运移机制及富集规律的地质问题，设计了前陆盆地冲断带油气运移聚集物理模拟实验。实验模拟选择川西前陆盆地拗陷斜坡区作为研究对象，川西前陆地盆地具有典型的冲断带-拗陷带-斜坡带-隆起带构造单元特征，在不同构造单元已经发现了相应的油气藏(图3-6)。

2) 实验方案及实施

(1) 常温常压模拟前陆盆地油气运移聚集全过程：储层物性由拗陷区向隆起区物性变好，在斜坡区有砂岩透镜体；单向挤压，然后注油；油使用染色煤油(红色)。

(2) 模型设计，使用不同粒度的玻璃微珠和黏土，饱和水；烃源岩：250～300目玻璃微珠；储集层：120～180目、180～200目玻璃微珠；封盖层：300目玻璃微珠+黏土；透镜体：40～80目玻璃微珠；斜坡区：黏土(图3-17)。

3) 实验现象及结论

实验现象：在没有挤压的情况下，油的充注首先向底部致密储层慢慢充注；随着时

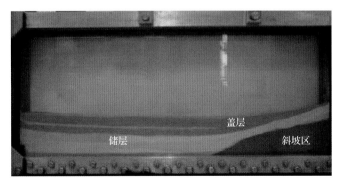

图 3-17 实验模型设计

间推移，在底部致密储层中油分布范围进一步扩大，并沿着斜坡运移，在斜坡区的透镜体首先富集油；在底部储层基本上大面积分布有油之后，开始进行单向挤压，出现断裂，断裂断开盖层进入上部储层进一步聚集(图 3-18)。

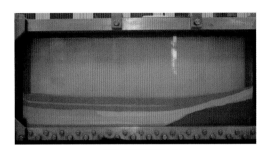

(a) 实验模型装填(初始)

(b) 先以0.5mL/min速率注入染色煤油(60min)

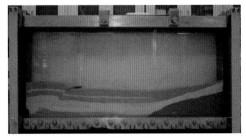

(c) 左侧0.1mm/min挤压，同时以0.1mL/min
速率注油(1500min)

(d) 左侧0.1mm/min挤压，同时以0.1mL/min
速率注油(1520min)

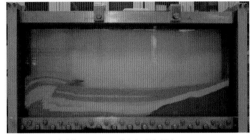

(e) 左侧0.1mm/min挤压，同时以0.1mL/min
速率注油(1700min)

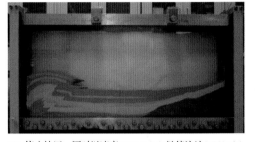

(f) 停止挤压，同时以速率0.01mL/min继续注油(1760min)

图 3-18 实验过程及现象

　　实验结论：川西前陆盆地早期主要油气沿着斜坡运移，大面积分布于拗陷斜坡区，物性较好的透镜体砂岩岩性圈闭是"甜点"，后期挤压过程中在前陆冲断带由于出现了断层，油气沿着断层往更高层位运移，气藏位置有调整。

2. 拗陷斜坡区不同物性储集层及透镜体油气充注实验

1) 实验模型

　　利用构造变形与油气运移物理模拟装置，在常温常压无构造挤压条件下，设置油气藏基本要素，包括烃源层、储集层、封盖层，并参照川西前陆盆地构造地质条件，设计了储集层由拗陷区到斜坡区再到隆起区物性条件由差到好的变化，并在储集层中发育物性更好的透镜砂体(图 3-19、图 3-20)。

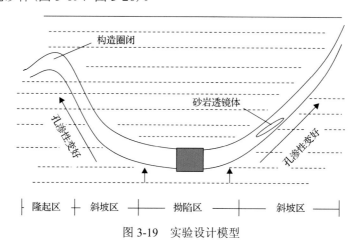

图 3-19　实验设计模型

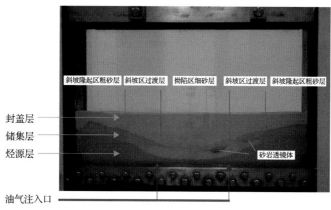

图 3-20　实验填装模型

2) 实验方案

　　(1) 使用自主研发的二维构造变形与油气运移物理模拟装置，常温常压，无构造挤压条件。

　　(2) 染红色煤油代替地下原油，用氮气代表天然气。

（3）材料使用不同粒度的玻璃微珠，饱和水；封盖层：250～300目玻璃微珠+黏土；储集层从拗陷区到斜坡区玻璃微珠由细到粗的变化，即拗陷区、过渡区、斜坡区分别用180～200目、180～100目、100～120目玻璃微珠代表；透镜体使用40～60目玻璃微珠。

（4）设定模型空间尺寸为 800mm×100mm×400mm，停止挤压，模型充填高度160mm，底部用充填有隆起基底和烃源岩，储集层位于基底层和盖层之间，在储集层中充填有两个透镜体，模拟致密砂岩储集层物性渐变及局部高孔渗砂层。

（5）油气注入口位于底部，用对称的两个注入口进行注入油气。

（6）照相机实时记录油气的充注情况和不同粒度玻璃微珠的含油气情况。

3）实验过程

（1）实验前准备工作。

进行构造变形与油气运移物理模拟装置的清洗和调试，泵试压、安装照相机、连接注油泵和准备氮气等工作。

（2）填装模型。

根据设计方案进行模型装填，选择不同目次的玻璃微珠，用水先湿润，纵向上生储盖叠置方式进行充填[图3-21（a）]。

（3）注入染红色煤油。

运行实验软件，输入相关参数，记录数据。以不同注入速度向模型注入染色煤油，通过照相实时记录模型煤油充注情况。

(a) 初始状况(0min)

(b) 以0.5mL/min速率注入染色煤油(180min)

(c) 以0.5mL/min速率注入染色煤油(480min)

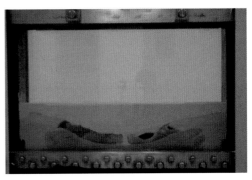
(d) 以0.5mL/min速率注入染色煤油(720min)

 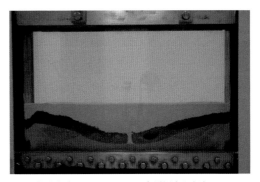

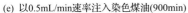

(e) 以0.5mL/min速率注入染色煤油(900min)　　(f) 油充注完毕以0.5~0.8MPa压力缓慢充入氮气(2100min)

图 3-21　油气充注实验过程及现象

（4）注入氮气。

在充分注入染色煤油后，停止煤油的注入，改用气体注入，模拟高成熟烃源岩先生油再生气的过程，以观察气体在不同孔隙条件下的充注情况和砂层的含气性。

4）实验结果

（1）首先以 0.5mL/min 速率注入染红色煤油，经过 180min，可以见到注入口模型底部有红色煤油出现[图 3-21(b)]；480min，红色煤油往上扩散，在低部位的细粒玻璃微珠先出现了红色煤油，但该层细粒玻璃微珠还没有饱满，油优先进入低部位的一个透镜体[图 3-21(c)]；继续充注到 720min，低部位的一个透镜体已经饱含油，油继续沿着上倾方向运移[图 3-21(d)]；900min 后明显看出斜坡区上粗砂层明显含油性好于下部细砂层[图 3-21(e)]；经过持续的油注入，储集层均含油，但含油性有明显差异，透镜体含油性最好，其次为斜坡区的物性相对好的砂岩，再者是拗陷区的细砂岩[图 3-21(e)、(f)]。

（2）油充注完毕，改为以 0.5~0.8MPa 压力缓慢充入氮气，发现气体优先驱替拗陷中细粒的砂层现象[图 3-21(f)]。

由此可见：油的充注首先由近油源的拗陷区进入储层；油沿着斜坡方向再往上倾储集条件好的砂岩运移；低部位的透镜体早于高部位透镜体充注，但随着油的运移，高部位透镜体更富油。气的充注对油产生驱动，拗陷区粒度较细的砂层气驱油更明显；气沿斜坡方向运移聚集在背斜顶部有少量聚集；低部位的透镜体气充注效果比较显著。气体在低孔渗砂体表现出较高含气饱和度的现象，可以从天然气在不同孔喉砂体天然气充注效应差异得到解释，天然气气源从烃源岩进入毛细管孔隙结构的砂岩储集体，首先是毛细管力的作用导致微小孔隙和喉道充满了天然气，天然气的渗流特征属于非达西流，随着天然气运移至大孔隙和喉道的孔隙空间，原来以毛细管力为主要动力的充注逐渐变为以浮力为主要动力的充注，天然气通过浮力作用继续向高部位进行运移，在没有阻挡层的情况下天然气会逐渐散失，如果有阻挡层的存在，天然气则积聚于阻挡层下方而富集，这一过程天然气的运移趋势是由毛细管孔隙结构向常规孔隙结构的运移，也就是天然气运移总是沿着孔渗条件好的储集层优先运移和聚集的，对于存在渗透率级差的非均质性砂岩，油气运移首先指向渗透性好的储集体。因此，高渗透性砂体天然气充满程度取决于烃源充足与否和封盖条件优劣，而低孔渗的砂体，由于毛细管孔隙结构，孔隙空间不存在流动水，浮力不起作用，气体的充注靠毛细管力，使气体占据整个孔隙和喉道而具有较高的含气饱和度成为可能(图 3-22)，深盆气、致密砂岩气大面积含气特征可能与这一机制有关。

实验结论：拗陷区有利于形成深盆气或致密砂岩气藏，斜坡-隆起区有利于形成高孔渗的油气藏。

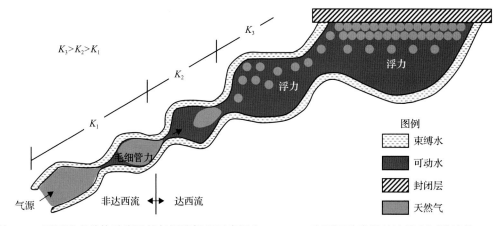

图 3-22 不同孔喉结构砂岩天然气运聚机理示意图(K_1、K_2、K_3 为不同砂岩段的渗透率)(洪峰等，2015)

3. 滨里海盆地盐构造油气成藏物理模拟实验

国内外含油气盆地中不乏含盐盆地，含盐盆地往往可以发现大型油气田。滨里海盆地为典型的含盐大型叠合盆地，是世界上油气资源最丰富的大型沉积盆地之一。该盆地孔谷阶含盐层系分布广，盐构造与油气圈闭关系密切。含盐层系分隔出了盐上和盐下两大勘探领域，盐上层系为中生界的碎屑岩储层，盐下层系为上泥盆统(法门阶)—中—下石炭统(杜内阶—巴什基尔阶)碳酸盐岩储层。烃源岩主要分布于盐下层系中的上泥盆统、中—下石炭统、下二叠统的泥岩和碳酸盐岩(刘洛夫等，2002)。盐上层系由于受到孔谷阶含盐层系构造变形的影响，盐上圈闭主要发育与盐底辟相关的背斜型、断层遮挡型、盐体刺穿遮挡和龟背斜型圈闭，而盐焊接构造就成了沟通盐上储层和盐下烃源岩的重要桥梁，称为盐焊接构造相关油气成藏模式；盐下圈闭类型主要以生物礁建造和背斜圈闭为主，孔谷阶含盐层系为区域盖层角色，盐下层系储层有明显的非均质性，故称之为盐下非均质储层油气成藏模式(图 3-23)(杨泰等，2015)。

1) 实验模型

根据该盆地含盐层系油气成藏地质条件，针对盐上、盐下不同油气成藏模式，进行两组物理模拟实验。该实验主要由中国石油大学(北京)杨泰等(2015)使用中国石油天然气集团公司盆地构造与油气成藏重点实验室构造变形与油气运移物理模拟装置进行的实验，实验设置了盐上层系的盐焊接构造相关油气成藏模型和盐下层位的非均质储层油气

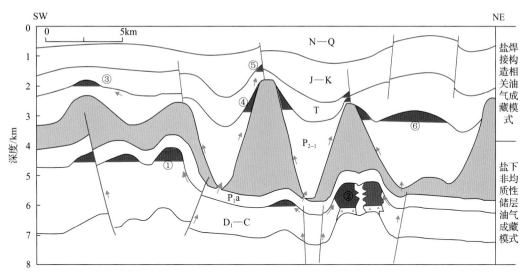

图 3-23　滨里海盆地油气成藏地质模式

①-背斜圈闭；②-生物礁圈闭；③-盐上背斜圈闭；④-盐体刺穿遮挡圈闭；⑤-断层遮挡圈闭；⑥-龟背斜圈闭

成藏模型(图 3-24、图 3-25)。盐上盐焊接构造相关油气成藏模型，由于盐层的塑性流动，形成了盐底辟构造和厚度薄弱带即焊接带，薄弱带因构造的错动容易断开而成为下部油气的注入点，因此模型设计了盐层的分布状态和厚度薄弱带的断裂油气注入点，盐层用硅胶代表，盐上盐下储层用同样的玻璃微珠表示(图 3-24)；盐下非均质性储层油气成藏模型，孔谷阶含盐层系是一套区域盖层，而储层之间还发育有下二叠统阿斯丁克阶泥岩局部盖层，用不同粒度玻璃微珠代表，L1、L2 和 L3 分别代表了盐下的良好储层、较好储层和差储层，断层 F 是油气运移的主要通道(图 3-25)。

2) 实验方案

(1) 使用二维构造变形与油气运移物理模拟装置，常温常压，无构造挤压条件。

(2) 染红色煤油代替地下原油。

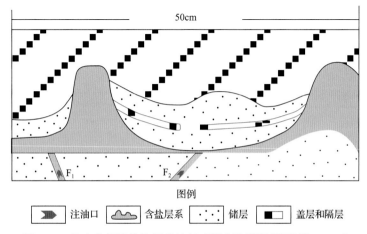

图 3-24　盐上盐焊接构造相关油气成藏实验模型(杨泰等，2015)

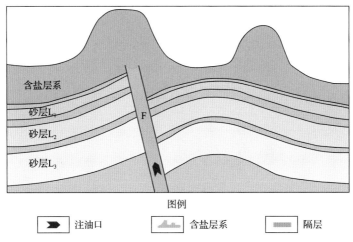

图 3-25　盐下非均质性储层油气成藏实验模型(杨泰等，2015)

(3)材料使用硅胶代表盐层,使用不同粒度的玻璃微珠代表储层,黏土层为局部盖层,材料参数见表 3-1。

表 3-1　盐下非均质储层油气成藏模拟实验参数(杨泰等，2015)

参数	砂层 L_1	砂层 L_2	砂层 L_3	断层
粒度/mm	0.4～0.45	0.15～0.2	0.1～0.15	0.7～0.8/0.15～0.2
渗透率/$10^{-3}\mu m^2$	13366	2266.3	1156	41600/2266.3

(4)按照实验模型,将不同粒径的玻璃微珠和黏土饱和水后,分层填入实验装置中,并使玻璃微珠充分压实。

(5)使用 ISCO 三泵系列注油泵,以 0.2mL/min 的速率向模型中充注染色煤油,白天注油,晚上静置,注入量和注入压力可通过 ISCO 泵或者电脑自动计量。

(6)对实验过程中煤油在模型中的运移和聚集过程进行观察和照相,同时记录注入量和注入压力。

3)实验过程及结果

(1)盐上盐焊接构造相关油气成藏实验。

实验过程及现象:实验中同时从模型中断层 F_1 和 F_2 的下方开始注油,由于断层的渗透率最高,煤油首先沿断层垂向运移;充注至 40mL 时,两条断层均充满煤油,但 F_1 断层受到硅胶(孔谷阶含盐层系)遮挡,油无法继续向上运移;而断层 F_2 靠近盐焊接点,当断层饱和煤油后,油通过盐焊接点继续向盐上砂体中运移[图 3-26(a)],此时,断层 F_1 中煤油充入缓慢;当充注煤油至 144mL 时,在浮力的作用下,煤油首先在盐上地层的上部聚集起来,并逐渐充满上半部分砂体,形成盐体刺穿遮挡及龟背斜构造油藏[图 3-26(b)]。实验共注入煤油 172mL,直至实验结束,盐上砂体的下半部分始终未见煤油聚集[图 3-26(c)]。

结论:该实验表明孔谷阶含盐层系是盐下油气成藏的优质盖层,巨厚的含盐层系是

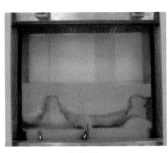 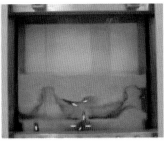 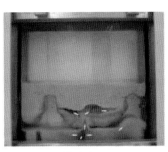

(a) 注油至40mL　　　　　　　　(b) 注油至144mL　　　　　　　　(c) 注油至172mL

图 3-26　盐上盐焊接构造相关油气成藏实验过程及现象(杨泰等，2015)

非常致密的，层状、丘状的盐层是极好的盖层，阻止了油气向上运移，在厚层盐岩之下长期稳定发育的构造圈闭及生物礁相圈闭是油气聚集的理想场所；盐焊接构造和断层的发育为油气向盐上运移提供了有利通道，在盆地南缘，盐焊接构造是沟通盐下烃源岩和盐上储层的重要桥梁，因此在盐上层系中，距离盐焊接距离较近的龟背斜圈闭、盐体刺穿遮挡圈闭均是有利的勘探目标。

(2) 盐下非均质性储层油气成藏实验。

根据盆地南缘断层输导性能的强弱设计了两种不同组合的实验，实验参数如表 3-1 所示，即输导能力强的断层与反韵律储层的组合(实验 1)和输导能力较弱的断层与反韵律储层的组合(实验 2)。

实验过程及现象：储层的纵向非均质性影响了储层中油水的分布和含油饱和度的大小，而断层的存在控制了油的运移路径和各层的充注次序。在实验 1 中，断层 F 的渗透率为 $41600 \times 10^{-3} \mu m^2$，其输导能力明显高于盐下各砂层。煤油在充注过程中，首先沿着高渗透的断层运移，并很快饱和断层[图 3-27(a)]，而后煤油开始充注模型顶部物性最好

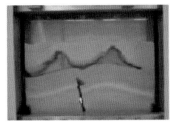 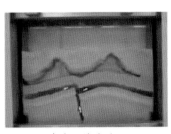 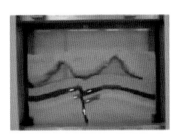

(a) 实验1，注油至50mL　　　　(b) 实验1，注油至183mL　　　　(c) 实验1，注油至254mL

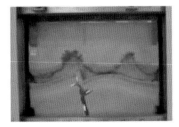 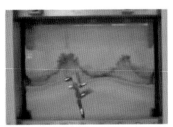 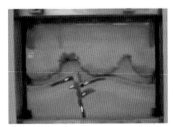

(d) 实验2，注油至57mL　　　　(e) 实验2，注油至65mL　　　　(f) 实验2，注油至80mL

图 3-27　盐下非均质性储层油气成藏实验过程及现象(杨泰等，2015)

的砂层 L_1。当注油至 183mL，砂层 L_1 被煤油充满以后才开始充注砂层 L_2[图 3-27(b)、(c)]。而在实验 2 中，断层 F 的渗透率为 $2266.3 \times 10^{-3} \mu m^2$（与砂层 L_2 相同），煤油在向上运移的过程中，首先向砂层 L_2 中充注[图 3-27(d)]。随着煤油的注入，在浮力的作用下，煤油沿断层运移至其顶部，此时模型顶部的砂层 L_1 中才开始有煤油注入，而砂层 L_2 中煤油充注速率明显降低[图 3-27(e)、(f)]。

结论：实验 1 和实验 2 反映了不同组合成藏条件的油气运移聚集特征及控制因素。断层对盐下油气的运移控制作用明显，当断层输导能力较强时，油主要沿断层做垂向运移，不易发生侧向分流现象，并首先充注盖层之下的储层，如巴什基尔阶—谢尔普霍夫阶；当断层输导能力较弱时，油沿断层垂向运移的过程中较容易出现侧向分流现象，从而首先充注埋藏较深的、物性较好的储层，纵向上比断层渗透性更好的砂层都将有油气充注。储层层间的非均质性也影响油的富集，渗透率较高的储层往往含油性较好，如巴什基尔阶为富油层，而渗透率相对较低的为差油层，如法门阶为差油层或水层，实验结果与田吉兹油田油-水相区分布区相似。

第五节　显微油气运移可视化物理模拟技术

随着科技的进步，CT 技术在石油地质实验中得到应用，目前微米 CT（图 3-28）、纳米 CT 已经商业化生产，分辨率非常高，不仅可以准确分析岩石孔喉特征，还可以三维成图和定量化表征。

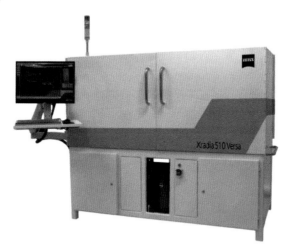

图 3-28　微米级 X 射线显微镜

一、技术研发

目前用于流体充注实验的岩心夹持器不适用于 CT，存在的关键问题主要有两个方面：一方面是由于夹持器材料是金属材质，X 射线无法穿透；另一方面是由于无法实现在 CT 设备内部进行加热，模拟地下高温的地质条件。在夹持器材料方面，低原子序数的碳纤维和 PEEK 材料可以用于夹持器的制作，适用于 CT 实验，亦可达到相应的承压要求。

实验装置实现符合地下高温高压地质条件的三维流体充注模拟。该套装置主要包括充注系统、模型系统、围压系统、采出系统，其中充注系统可以实现高压流体的注入以及充注流体的温度控制；模型系统具有围压和轴压的设置功能；围压系统不仅可以通过设置回压的方式实现围压的定量控制，还可以通过热流体循环的方式实现对岩心模型的加热；采出系统通过设置回压的方式实现出口流体压力的设置。温度变化对 CT 测试结果具有重要的影响，因此在温度控制的过程中，必须实现在 CT 设备内部不能产生温度变化，该装置通过 CT 设备外部加热、内部绝热的方式实现了实验系统的加热，但不影响 CT 设备内部温度(图 3-29)。

图 3-29 微米级 X 射线显微镜与模型匹配图

二、实验流程

该实验装置是一种三维流体充注模拟实验装置(图 3-30)，可以实现对岩心及其流体的扫描和加热，但并不影响 CT 设备的扫描环境，尤其不会影响 CT 设备的内部温度。

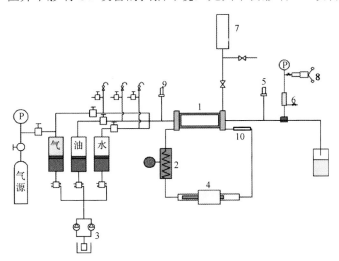

图 3-30 三维流体充注模拟实验装置流程图

1-岩心支持器；2-加热器；3-第一高压阀；4-围压泵；5-第二压力传感器；6-第二回压阀；7-轴压泵；8-第二高压泵；
9-第一压力传感器；10-第一回压阀

为了实现上述目的，作者所在实验室通过对 CT 技术的拓展研发，提供了一种 CT 用高温高压流体充注实验装置(正在申报发明专利)，该 CT 用高温高压流体充注实验装置包括注入设备、模型设备和采出设备。其中，注入设备、模型设备、采出设备依次连通。

模型设备包括岩心夹持器、加热器、轴压泵和围压泵，轴压泵与岩心夹持器连通，岩心夹持器与加热器、围压泵构成回路(图 3-30)。

三、应用实例

1. 显微可视油充注物理模拟实验

首先用浓度为 10%的碘化钠溶液将岩心样品(直径 5mm)进行饱和(饱和压力为 25MPa)，然后将岩心装入特制的岩心夹持器，并将岩心夹持器安装到微米 CT 内，设置相应的围压和轴压。之后开展三组原位油充注实验，充注压力分别为 1.5MPa、5MPa 和 10MPa，每次充注实验到出口明显见到油流出为止，每次充注实验的时间大约 1 个月，整个实验约 3 个半月时间；在下一次充注实验之前，利用微米 CT 进行原位无损扫描，整个实验共扫描 4 次(充注压力分别 0MPa、1.5MPa、5MPa 和 10MPa 实验后的样品)，分析致密储层中油的充注特征。

实验结果表明：充注压力对致密储层中油的充注特征具有控制作用，充注压力与含油饱和度呈正相关关系，1.5MPa 充注后的含油饱和度为 10.90%，5MPa 充注后的含油饱和度为 14.97%，10MPa 充注后的含油饱和度为 20.40%(图 3-31、图 3-32)。

(a) 1.5MPa   (b) 5MPa   (c) 10MPa

图 3-31　不同充注压力对应含油饱和度三维成像处理图

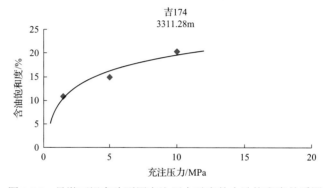

图 3-32　显微可视实验不同充注压力对应的含油饱和度关系图

2. 高压油充注物理模拟实验

实验采用一维高温高压油气运移物理模拟装置,通过设置模型内部不同油压的方式,测试不同充注压力条件下致密储层岩心样品的含油饱和度。实验所用岩心为准噶尔盆地吉木萨尔致密油储层天然岩心,岩心柱规格为直径 25mm;实验用油为煤油(密度 0.78g/cm^3);实验用水为去离子水。实验流程如下:

(1)岩心洗油、干燥。

(2)岩心孔隙度、渗透率测定。

(3)岩心干燥,饱和去离子水(25MPa),擦干表面,称重。

(4)将样品放入高压容器,装满煤油。

(5)系统压力设置 2MPa,封闭 7 天。

(6)容器泄压,取样品,擦干表面,称重,计算含油饱和度。

(7)容器压力分别为 5MPa、10MPa、15MPa、20MPa、25MPa,重复步骤(4)~(6)。

实验结果表明:充注压力对致密储层中油的充注特征具有控制作用,充注压力与含油饱和度呈正相关关系(表 3-2,图 3-33)。可见显微可视油充注物理模拟实验结果与高压油充注物理模拟实验的结果具有较好的一致性。

表 3-2 不同充注压力对应含油饱和度数据表

井号	深度/m	不同充注压力下含油饱和度/%					
		2MPa	5MPa	10MPa	15MPa	20MPa	25MPa
吉 174	3264.70	11.25	12.95	13.67	15.31	16.69	19.61
吉 174	3284.20	9.70	12.00	17.44	19.35	17.60	17.57
吉 174	3300.13	19.11	22.85	28.49	29.12	33.92	41.13
吉 251	3759.58	13.32	22.47	27.29	31.79	34.42	37.56
吉 176	3172.46	8.77	13.03	15.56	17.02	18.77	19.06
吉 37	2844.01	14.25	21.33	27.49	27.97	30.97	31.23
吉 31	2724.50	17.69	24.44	31.45	32.71	34.13	36.15

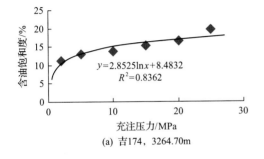

(a) 吉174,3264.70m

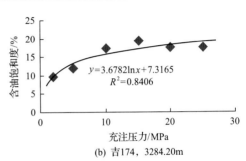

(b) 吉174,3284.20m

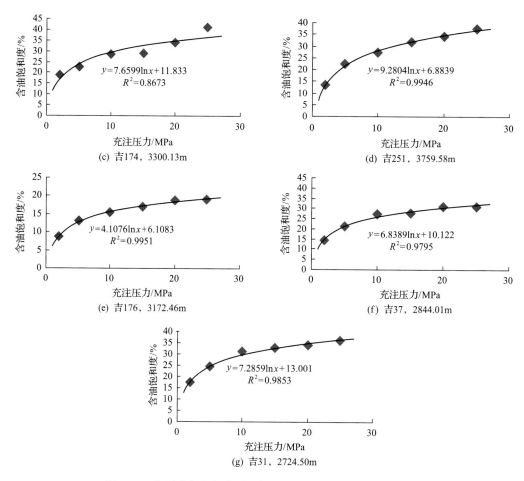

图 3-33 高压油充注实验不同充注压力对应含油饱和度关系图

第四章　油气成藏动力学物理模拟技术

油气成藏物理模拟是在实验室模拟油气运移和聚集的过程，是石油地质理论研究的重要手段。其中油气成藏动力学物理模拟技术是石油地质理论研究，尤其是油气运移、聚集和成藏研究的一种重要方法(曾溅辉等，1997)。油气成藏动力学物理模拟实验本质在于实验条件模拟实际地质条件，因此物理模拟实验设备的选取对实验技术起决定性控制作用。尽管国内外油气成藏动力学物理模拟实验设备构架较为一致，包括注入子系统、模型子系统、计量子系统，但是不同实验需求，系统的设计差异很大。通过广泛调研国内外实验技术方法，总结了三类油气成藏动力学物理模拟实验技术类型特征差异性，具体差异见表 4-1。

表 4-1　三类油气成藏动力学物理模拟实验技术类型特征对比

技术类型	实验设备	技术优点	技术缺点	主要应用
一维玻璃管油气运移模拟实验技术	玻璃管	可视化，易装填，易操作	不能加压	研究油气运移条件、机理与路径与模式
二维可视油气运移模拟实验技术	二维玻璃设备	可模拟二维平面运移规律，可加温加压	上覆压力一般小于2MPa	研究油气运移动力与油气分布差异性控制因素
三维油气运移模拟实验技术	三维高温高压设备	可模拟三维立体运移规律，可加温加压	—	油气运移成藏过程精细表征与机制研究

第一节　散样模型孔渗性测定技术

孔隙度、渗透率测定是成藏动力学物理模拟实验最基础的实验，不同孔渗性的岩石，流体充注动力不一样，流体在岩石孔隙运移方式也不一样。因此，测定岩石的孔渗性在成藏动力学研究显得重要，也是成藏动力分析的基础参数。本节介绍针对散样模型的孔隙度和渗透率测定方法。

一、技术研发

石英砂、玻璃微珠是目前开展油气运聚物理模拟实验常用的实验材料，通常采用不同粒级的样品模拟不同性质的储集层。但是对于这些模型的孔隙度和渗透率参数的测定并不容易，有两种方法：一种是理论计算法，取样品粒径范围中值来计算其对应的孔隙度和渗透率，这种方法比较简单，但是与样品实际的孔隙度和渗透率相差较大；另一种方法是将样品装入直玻璃管中通过一端注水一端采出的方式来实际测定样品渗透率，样品孔隙度则采用排水法用量筒计量样品排开水的体积反算孔隙度，这种方法可以测定样品的实际孔隙度和渗透率，但是这种方法无法模拟实际地下温压条件下的孔隙度和渗透率。本次研究针对直玻璃管散样孔隙度和渗透率测定存在的问题，自主研发了一种测定不同覆压条件下散样渗透率的装置(图4-1)。不同覆压条件下散样渗透率测定装置采用不锈钢材质加工，可以承受较高的压力，最大可以施加50MPa的上覆压力，并且可以通过放置于恒温箱中，开展高温实验，最高可以施加150℃的温度条件。

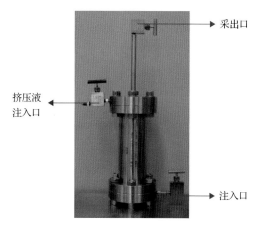

图4-1　测定不同覆压条件下散样渗透率的装置

二、实验流程

该套散样模型实验装置可以开展高温高压散样渗透率测定。

1) 模型填装：饱和蒸馏水填装模型—安装模型

饱和蒸馏水填充散样过程采用的方法是首先将模型一端封闭，然后注入一定量的蒸馏水，再使用漏斗将玻璃微珠与蒸馏水一起注入模型，蒸馏水溢出，散样充填模型，形成饱和蒸馏水模型，记录散样模型的厚度，然后安装活塞和顶盖板，安装过程中多余的蒸馏水会从才出口流出。

2) 实验准备：管线连接—设置上覆压力

管线连接时，需要连接两台泵：一台泵接挤压液入口，通过注入流体给活塞施加压力，模拟上覆地层压力；另一台泵接注入口，注入流体进行渗透率测试。

3) 渗透率测定：注入流体—采出流体—计算渗透率

首先设置相应的上覆压力，以一定的流速注入流体，出口采出流体，出口对采出流体的速度进行计量，当注入的流速与采出的速度相当，注入压力稳定时，渗透率测定结束。在实验过程中，通过测试软件实时记录各个参数，包括注入压力、注入流速、上覆压力等。实验结束后，可根据记录的参数，计算散样渗透率。

散样孔隙度的测定是将常规方法与该套装置联合的实验技术，首先采用排水法用量筒计量样品排开水的体积反算孔隙度，该孔隙度为无上覆压力条件下的孔隙度。不同上覆压力条件下孔隙度的计算需要与不同覆压条件下散样渗透率测定装置联合，在不断施加上覆压力的过程中，记录不同上覆压力的压实量，从而计算不同覆压条件下散样孔隙度。

三、应用实例

采用自主研发的一种测定不同覆压条件下散样渗透率的装置，采用不同粒级的玻璃微珠（80～100 目、180～200 目、250～300 目）饱和水填充模型，通过高压泵设置挤压压力（10MPa、20MPa、30MPa、40MPa、50MPa），测定不同上覆压力条件下渗透率的变化情况；测定 50MPa 上覆压力条件下，不同粒级玻璃微珠的临界注气压力和相应的含气饱和度（表 4-2）。

表 4-2　散样渗流实验数据统计表

玻璃微珠粒级/目	上覆压力/MPa	渗透率/$10^{-3}\mu m^2$	含气饱和度/%	临界注气压力/MPa
80～100	40	185.78	16.13	0.01
180～200	10	129.49	—	—
	20	125.78	—	—
	30	117.99	—	—
	40	116.42	—	—
	50	118.67	23.74	0.015
250～300	10	84.12	—	—
	20	44.60	—	—
	30	20.22	—	—
	40	4.32	—	—
	50	0.69	34.28	0.03

实验过程中，通过采用排水法用量筒计量样品排开水的体积反算孔隙度，该孔隙度为无上覆压力条件下的孔隙度。不同上覆压力条件下孔隙度的计算需要与不同覆压条件下散样渗透率测定装置联合，在不断施加上覆压力的过程中，记录不同上覆压力的压实量，从而计算不同覆压条件下散样孔隙度。实验结果显示（表 4-3），上覆压力为 10MPa 时，180～200 目玻璃微珠孔隙度为 39.50%，250～300 目玻璃微珠孔隙度为 33.00%；上覆压力增大至 50MPa 时，180～200 目玻璃微珠孔隙度为 38.84%，250～300 目玻璃微珠孔隙度为 32.09%。孔隙度递减的变化率分别为 1.68% 和 2.76%，表明当岩石颗粒堆积成型以后，颗粒之间的支撑可以分散巨大的上覆压力，压实作用对孔隙度减小作用有限。

表 4-3　散样孔隙度数据统计表

上覆压力/MPa	孔隙度/%	
	180～200 目	250～300 目
10	39.50	33.00
20	39.23	32.74
30	39.10	32.61
40	38.97	32.47
50	38.84	32.09

渗透率的测试采用自主研发的不同覆压条件下散样渗透率的装置开展实验。实验过

程中,按照实验设计,分别测定了不同上覆压力条件下(10MPa、20MPa、30MPa、40MPa、50MPa),不同粒级玻璃微珠散样模型的渗透率。实验结果表明,渗透率与颗粒大小有直接的关系:40MPa上覆压力条件下,80～100目玻璃微珠的渗透率为$185.78\times10^{-3}\mu m^2$;180～200目玻璃微珠的渗透率为$116.42\times10^{-3}\mu m^2$;250～300目玻璃微珠的渗透率为$4.32\times10^{-3}\mu m^2$,粒度越细,渗透率越低(图4-2)。而对于某一特定粒级的玻璃微珠来说,上覆压力对渗透率的作用非常明显,随着上覆压力的增大,渗透率逐渐减小,但是减小到一定程度以后,又会趋于一个相对稳定的数值,但粒度越细,这个相对稳定的渗透率数值越低:180～200目玻璃微珠相对稳定的渗透率值大约为$117.0\times10^{-3}\mu m^2$;250～300目玻璃微珠相对稳定的渗透率值则小于$1.0\times10^{-3}\mu m^2$,已经进入致密储层的渗透率范围(图4-3)。

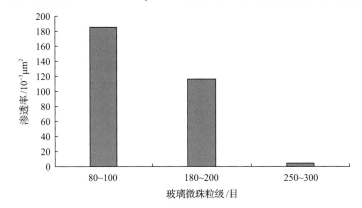

图4-2　玻璃微珠粒级与渗透率关系图(40MPa上覆压力)

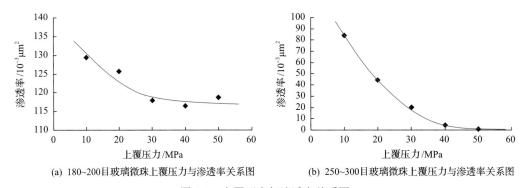

(a) 180~200目玻璃微珠上覆压力与渗透率关系图　　(b) 250~300目玻璃微珠上覆压力与渗透率关系图

图4-3　上覆压力与渗透率关系图

　　含气饱和度的测定采用的是旋拧阀门的方式逐渐增大注气压力,采出流体的计量采用称重法。散样模型渗透率相对较高,因此实验时间并不长,可以忽略水的挥发导致的采出流体计量不准确的问题。实验结果表明,不同粒级玻璃微珠模型的临界充注压力和相应的含气性存在差异,粒级越小的散样模型需要的临界充注压力越大且含气性越好,80～100目玻璃微珠模型在40MPa上覆压力条件下的临界充注压力为0.01MPa,相应的含气饱和度为16.13%;180～200目玻璃微珠在50MPa上覆压力条件下的临界充注压力为0.015MPa,相应的含气饱和度为23.74%;250～300目玻璃微珠50MPa在上覆压力条件下的临界充注压力为0.02MPa,相应的含气饱和度为34.28%(图4-4)。

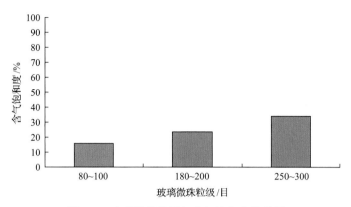

图 4-4 玻璃微珠粒级与含气饱和度关系图

本次实验还设计了在渗透率测定的过程中，分别测定了不同流量(1mL/min、5mL/min、10mL/min)条件下的渗透率。实验结果表明，渗透率与充注压力之间存在复杂的关系，对于粒级较大的散样来说，渗透率与注入压力无关，80～100 目玻璃微珠模型在 30MPa 上覆压力条件下的三个流量对应的不同充注压力下，渗透率均在 $180×10^{-3}\mu m^2$ 左右；但对于粒级较小的散样来说，渗透率随注入压力的增加而增大，180～200 目玻璃微珠在 30MPa 上覆压力条件下的流量增大、充注压力增大，渗透率逐渐增大，从 $30.12×10^{-3}\mu m^2$ 增大到 $206.72×10^{-3}\mu m^2$；250～300 目玻璃微珠在 50MPa 上覆压力条件下的流量增大、充注压力增大，渗透率逐渐增大，但增大到一定程度则趋于稳定值，从 $12.4×10^{-3}\mu m^2$ 增大到 $25×10^{-3}\mu m^2$ 左右(表 4-4)。

表 4-4 不同粒级玻璃微珠上覆压力 30MPa 实测渗透率统计表

玻璃微珠粒级/目	注入流量/(mL/min)	测量压差/MPa	渗透率/$10^{-3}\mu m^2$
	1	0.01	191.68
80～100	5	0.06	175.71
	10	0.11	189.95
	1	0.07	30.12
180～200	5	0.09	117.14
	10	0.10	206.72
	1	0.17	12.40
250～300	5	0.42	25.10
	10	0.91	23.17

第二节 临界充注压力测试实验技术

以往天然气临界压力的实验室测定过程中，气体注入压力是通过手动调节的方式完成的，这种方法存在压力调节不连续和注入压力受气瓶压力限制等问题。本次研究自主研发了一种新方法，通过注水增压的方式，调节注气压力，准确测定天然气临界充注压力。

一、技术研发

  天然气向储层中形成充注之前，需要压力的积累过程，当压力达到一个临界值时，才会发生充注。临界压力的实验室测定一般流程是先将岩心烘干，然后抽真空、饱和水，再安装岩心夹持器，连接管线、连接岩心夹持器和气瓶，逐渐调节气瓶出口压力，直至出口有流体流出，完成实验。在这个过程中，气体注入压力是通过手动调节的方式完成的，这种方法存在压力调节不连续、不准确和气瓶压力限制注入压力不高等问题。在此，作者所在实验室研发了一种新方法，开展测试工作，即通过注水增压的方式，调节注气压力，准确测定天然气临界充注压力，实验装置示意图如图 4-5 所示。

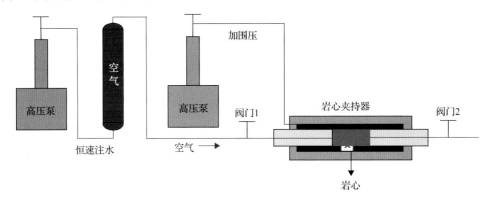

图 4-5 临界充注压力测试装置示意图

二、实验流程

  临界充注压力测试方法是通过注水增压的方式，调节注气压力，准确测定天然气临界充注压力(图 4-6)，避免了压力调节不连续、不准确和气瓶压力限制注入压力不高等问题。具体操作流程如下：

图 4-6 天然气临界充注压力的测试装置

  (1)样品干燥，24h；样品抽真空，饱和水，24h。
  (2)实验前，卫生纸擦干表面，天平称重。

(3) 安装模型，以 0.1mL/min 速率注入去离子水压缩气体，摄像机记录出气情况。

(4) 出气后，继续观察至第二天，结束实验。

(5) 取出岩心，卫生纸擦干表面，天平称重，计算含气饱和度。

三、应用实例

1. 天然气充注过程模拟实验

实验采用自主研发的临界充注压力测试新方法，通过注水增压的方式，调节注气压力，准确测定天然气临界充注压力。首先测定人工岩心样品的孔隙度，然后抽真空、饱和蒸馏水，再将样品装入岩心夹持器、加围压 1MPa。实验过程中，通过 0.1mL/min 恒速注水压缩方式逐渐增大注气压力(中间容器体积为 2.0L)，实时记录注气压力，观察出口产物。持续开展实验，通过压力记录和出口产物观察，研究天然气充注过程。

实验结果表明，天然气充注过程可以分为四个阶段：压差积累阶段、驱替水阶段、断续式驱替水阶段和气体散失阶段(图 4-7)。随着蒸馏水的注入，中间容器内的空气受到挤压，气体压力逐渐增大，当气体压力达到临界注气压力时，气体开始向岩心中充注(即压差积累阶段)；最先驱替大孔喉中的可动水，中间容器内气体压力减小(即驱替水阶段)；随着最容易驱替的可动水的孔喉被气体占据，其他孔喉里的可动水在重力作用下逐渐向这些孔喉中汇聚，气体逐渐占据这些孔喉，并且逐渐将该压力条件下可以驱替的可动水全部置换，在这个过程中可动水与空气断续出来，中间容器压力相对稳定(即断续式驱替水阶段)；最后气体将可动水全部置换以后，形成一个较好的气体通道，中间容器中的气体迅速释放(即气体散失阶段)。

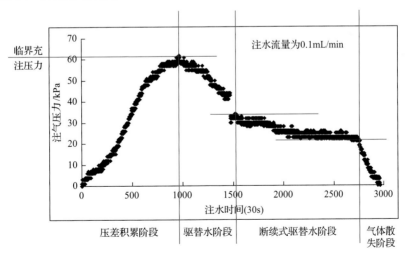

图 4-7　天然气充注过程的四个阶段划分

2. 天然气充注动力物理模拟实验

首先将样品干燥 24h；再抽真空，饱和蒸馏水 24h；实验前，擦干表面，天平称重；

然后，安装模型，设置围压 1MPa；然后以 0.1mL/min 的速率注入去离子水压缩气体，计算机记录相关数据；切掉下端三分之一样品重复实验。两次实验测定的临界注气压力分别为 0.135MPa 和 0.129MPa。

实验结果表明，天然气的充注与岩心长短无关，而与充注压力密切相关。实际上，天然气充注成藏的过程就是突破毛细管阻力的过程。理想状态下，对一个均质地质体来说，天然气充注过程类似突破一个毛细管，当充注压力大于毛细管阻力(即达到临界充注压力)时，天然气就会形成充注，与毛细管的长短无关，但毛细管越长，充注时间越长，毛细管越短，充注时间则越短。

3. 充注动力与渗透率关系物理模拟实验

首先将样品干燥 24h；再抽真空，饱和蒸馏水 24h；实验前，擦干表面，天平称重；然后，安装模型，设置围压 1MPa，分别采用 0.1mL/min、0.5mL/min、1mL/min、2mL/min、3mL/min、5mL/min、10mL/min、15mL/min、20mL/min 注入去离子水，测定渗透率。

根据渗透率测定数据，充注压力与渗透率有一定的相关性，与散样渗透率测定结果类似，明显表现出渗透率随压差的增加而增大的特征(图 4-8)。这表明致密砂岩储集层非常特殊，在充注压力逐渐增大的过程中会出现渗流通道逐渐增多的趋势。我们将随着充注压力的增大，由于更小的孔喉参与了渗流过程而导致储层渗透率增大的现象称为渗透率级变。

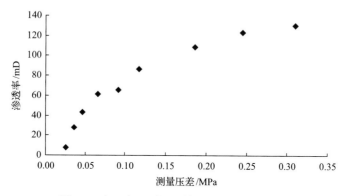

图 4-8　人工岩心不同压差测试渗透率关系图

第三节　致密储层含油气饱和度测试实验技术

岩石含油气饱和度是衡量其储气性能的参数之一。目前一般是通过测井、地球物理、数值模拟和物理模拟方法来进行岩石含油气饱和的测定，测井方法难以准确测定岩石的含油气饱和度，地球物理及数值模拟方法也受到诸多地质因素的控制，其可靠程度也取决于地质参数的合理选取和测算者对地质资料的掌握程度。传统的物理模拟方法是通过油气充注物理模拟实验来完成，其一般流程是先将岩心洗油后烘干，再抽真空饱和水，然后安装岩心夹持器并加围压，连接管线与岩心夹持器和油气源，逐渐调节油气输入端压力，在不同压力下注入气体，计量采出水量，计算含油气饱和度。测井、地球物理及数值模拟方法是一种间接测量方法，主要针对的是地下状态下已经有油气充注的地层的检测；而物理模拟是一种直接测量方法，可以设置不同压力状态下岩石的含油气饱和度，从而达到评价储层的目的，两种方法各有各的优点。本节主要在传统的物理模拟含油气饱和度测定方法基础上进行实验改进，形成有一定特色的致密储层含油气饱和度测试方法。

一、技术研发

含气饱和度是指在不同充注压力条件下，天然气充注储层后，天然气占据储层孔隙体积的百分比。含气饱和度测试是通过天然气充注物理模拟实验完成的，其一般流程是先将岩心烘干，然后抽真空饱和水，然后安装岩心夹持器，连接管线、连接岩心夹持器和气瓶，逐渐调节气瓶出口压力，在不同压力下注入气体，计量采出水量，计算含气饱和度。在这个过程中，采出水的计量是关键问题，此前的方法根本无法准确计量水的采出量，因为水的采出过程比较缓慢，而水的挥发却无处不在。根据这一特征，作者所在实验室自主研发了含气饱和度测试的新方法，通过单一充注压力下天平称量的方式计算含气饱和度，含气饱和度测定装置示意图如图 4-9 所示。

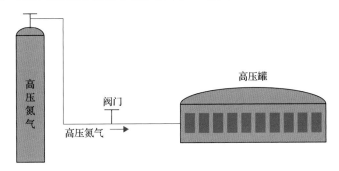

图 4-9 含气饱和度测定装置示意图

二、实验流程

自主研发的含气饱和度测试的新方法，通过单一充注压力下天平称量的方式计算含气饱和度避免了无法准确计量水的采出量的问题。测定压力分别为 5MPa、10MPa、15MPa、20MPa、25MPa、30MPa，具体操作流程如下：

(1)样品干燥，24h。

(2)多个样品，抽真空，饱和蒸馏水，24h。

(3)实验前，擦干表面，天平称重。

(4)安装模型，设置系统压力 5MPa，24h。

(5)取出样品，卫生纸擦干表面，天平称重。

(6)计算含气饱和度。

(7)分别设置系统压力 10MPa、15MPa、20MPa、25MPa、30MPa，重复步骤(4)～(6)。

三、应用实例

实例为充注压力与含气饱和度关系测试实验。首先将样品干燥 24h；然后抽真空，饱和蒸馏水 24h；实验前，擦干表面，天平称重，之后安装模型，设置系统压力 5MPa；24h 后取出样品，卫生纸擦干表面，天平称重，计算含气饱和度。再继续分别测定充注压力为 10MPa、15MPa、20MPa、25MPa、30MPa 时岩心样品的含气饱和度。

对四川盆地合川地区岩心样品的孔隙度和渗透率测试结果表明其属于致密砂岩储层。不同压力条件下不同孔渗性岩心的含气饱和度变化情况如图 4-10 所示，实验结果表明，岩心含气饱和度与充注压力呈正比关系，即充注压力越大，含气饱和度越高。与压汞曲线类似，常规岩心在较低的压力条件下，就达到了较高的饱和度，并且随着压力的增大，饱和度几乎保持不变[图 4-11(a)]；而致密砂岩则达到临界压力后，表现出随着压力的增大，饱和度逐渐增大的特征[图 4-11(b)]。岩心含气饱和度与充注压力呈正比关系，即充注压力越大，含气饱和度越高。表明岩心在注气过程中发生了渗透率级变，随着注气压力的增大，更小的孔喉参与整个渗流过程，从而导致含气饱和度逐渐增大。

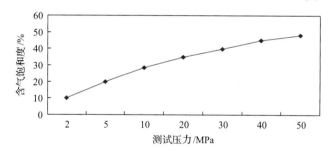

图 4-10　不同压差条件下岩心含气饱和度变化图(合川 103, 2185.5m)

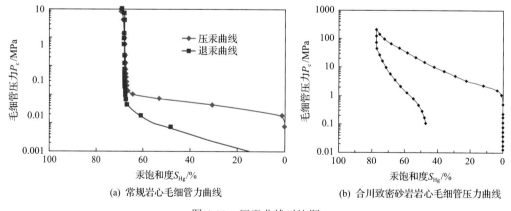

(a) 常规岩心毛细管力曲线　　　　　　(b) 合川致密砂岩岩心毛细管压力曲线

图 4-11　压汞曲线对比图

第四节　原油二次运移过程中组分变化物理模拟实验技术

原油的运移过程受多种条件的制约，但要考虑所有可能的因素是非常困难的，也是不现实的。我们只能把握影响原油运移的关键因素，把问题简化。而原油运移的关键影响因素在于运移的相态、动力和阻力。原油运移可呈游离相、水溶相、气溶相，但由于原油在地层水中溶解度很低，并且气溶油的条件也比较苛刻，因此其运移相态应以游离相为主。作为具有一定黏度的液相的石油，其扩散能力很弱，但由于原油密度比地层水低，因此在静水条件下原油运移的动力主要是浮力。而在运移过程中，原油要不断驱替水湿岩石孔隙中的地层水，并且不断将水湿岩石变孔隙为油湿。在两相液体的界面推进过程中，遇到孔隙喉道或更小孔隙时，会产生毛细管力阻碍原油继续前进，只有当原油浮力大于毛细管力时，才能够继续推进。虽然已经油湿的岩石孔隙不会产生毛细管阻力，但是由于原油本身具有一定的黏度，因此在运移过程中，会产生一定的作用，限制原油运移的速率。因此，原油运移的阻力包括两个方面：一个是来自外界，即毛细管阻力；另一个来自运移原油本身，即原油的黏滞力。由于原油沥青质的分子量和极性远远大于地层水，并且与水互不相溶，因此已经油湿的岩石在自然条件下很难再变为水湿，已经形成的原油运移的通道将会得到保存。

一、研究现状

原油运移是油气成藏研究领域中的一个重要课题，得到广大地质学家的关注。对于原油运移过程中原油与地层水、岩石相互作用的过程，目前物理实验研究表明，石油二次运移路径大体上可划分为活塞式、指进式和优势式三种运移模式（Dembicki and Anderson，1989；Catalan et al.，1992；Tokunaga et al.，2000；张发强等，2003）。侯平等（2004）认为指进式只是活塞式和优势式之间的过渡状态。但对于运移过程中微观组分变化的研究，往往是对原油运移至出口后的运移介质进行抽提样品分析。对于地下油气运移聚集来说，原油并非运移到圈闭就结束的，最终要在圈闭中聚集，而恰恰我们最关心的是聚集成藏的原油，不是运移路径上的原油。因此出口连续取样实验不仅有助于我们了解原油运移过程中微观组分的变化，还有助于我们对成藏原油的性质产生更加深入的认识。

二、实验流程

实验流程如下：

（1）根据实验需要，连接各处管线，确保管线连接到位，无泄漏部位，否则将影响整个实验的正常进行，导致实验所得出的数据不准确。

（2）熟悉该套装置的流程，对装置中的各个部件的功能要有所了解，在此基础上才可以进行试验。

（3）打开控制面板上的"启动""总电源""加热""风机""照明"按钮，启动"回压泵"向回压容器中注入压力。

（4）启动"环压泵"，"环压泵"将水注入"缓冲容器"中，打开"缓冲容器"的出口阀门就可以对夹持器注入环压。

（5）启动两台"注入泵"向两个中间容器中分别注入"水"和"油"，同时启动"空气泵"向"缓冲容器"中注入气体。在注入过程中,中间容器的出口阀门和缓冲容器的出口阀门待达到需要的压力后同时开启,此时打开相应进口阀门,启动控制面板上的相应按钮。

(6)使介质进入夹持器内,在介质进入夹持器之前应确保夹持器的环压已达到需要压力。

三、应用实例

1. 原油宏观运移过程实验分析

1)实验目的

在原油在运移过程中,运移的方式和经历的路径必然对原油的物化性质产生影响。实验1和实验2的目的就在于从宏观现象上观察运移的一般过程,主要是观察原油运移方式和运移路径的特征。

2)实验材料

本次实验采用玻璃器材,以便于现象观察,因此设置恒温装置时不仅需要考虑玻璃的承受温度,还需要考虑现象观察的可行性。实验采用电热带均匀缠绕入口原油器皿和玻璃管的方式加热,并主要控制玻璃管内温度恒定,将温度传感器从管口胶塞处插入,使用接触器和电子温控器控制管内温度,温度范围可设置室温至 $50\sim60℃$。$0.8\sim1.0mm$ 玻璃微珠充填柱的实测孔隙度为 39.5%,渗透率在 $4000\times10^{-3}\mu m^2$ 左右;$0.4\sim0.6mm$ 玻璃微珠充填柱的实测孔隙度为 39.1%,渗透率在 $3000\times10^{-3}\mu m^2$ 左右;$0.05\sim0.15mm$ 玻璃微珠充填柱的实测孔隙度为 39.8%,渗透率在 $2300\times10^{-3}\mu m^2$ 左右(表4-5)。

表4-5 玻璃微珠填充柱孔隙度和渗透率实测数据表

粒径/mm	孔隙度(管柱填砂法)/%	渗透度/$10^{-3}\mu m^2$	
		管柱填砂法	人工岩心法
$0.8\sim1.0$	39.5	4200	3550
$0.4\sim0.6$	39.1	3500	3570
$0.05\sim0.15$	39.8	2450	2250

实验 1 和实验 2 使用的原油样品为轮古 100 井的井口原油,20℃时原油密度为 $0.8602g/cm^3$,50℃时密度为 $0.8404g/cm^3$,50℃时黏度为 $9.009mPa\cdot s$,凝固点 24℃,含蜡量 14.3%,胶质+沥青质含量为 4.4%。

3)实验现象

实验1:实验开始后,原油首先在管柱底部聚集,几乎充填全部孔隙,从下到上,形成活塞式推进,并且推进的速率很低,经过16h,原油在玻璃管内运移50cm。之后,原油的运移方式改变为沿部分通道向上运移,仅在管柱内侧形成星星点点的黑色原油分布[图4-12(a)],并且可以看出运移的速率逐渐加快,整个实验耗时约28h。

(a) 实验1　　　　　　　　(b) 实验2

图 4-12　实验 1 和实验 2 原油运移过程图

实验 2：实验开始后，原油在管柱底部聚集，几乎充填全部孔隙，从下到上，形成活塞式推进，在 90～120cm 处，形成部分驱替[图 4-12(b)]后，又变为活塞式推进，直至原油运移至玻璃管顶端。整个实验耗时约 49h。

4) 实验过程分析

原油在饱和水的玻璃微珠孔隙中运移时，主要受到三种力的作用：供油产生的驱动力、浮力和毛细管力。其中供油驱动力和浮力是运移的动力，并且由于原油的注入量恒定，因此供油驱动力几乎是不变的，随着进入玻璃管柱中原油的增多，原油液柱高度逐渐增大，原油受到的浮力会不断增大。而要在饱和水的玻璃微珠孔隙中不断推进，原油要克服油-水界面处的毛细管力，因此毛细管力是原油运移的阻力。

通过实验 1 和实验 2，可以从现象上观察到原油在管柱中运移的特征，而这种原油运移的具体表现取决于这三种作用力的相互关系。实际上，玻璃微珠之间的孔隙并不是均一的，存在一些相互连通的相对较大的孔隙。原油在这些孔隙中运移时，受到的毛细管阻力相对较小。当原油运移的动力大于毛细管阻力时，会自动寻找这些通道形成运移。而原油刚刚进入玻璃管时，由于原油的液柱高度不大，所受浮力很小，所以动力主要是供油驱动力。实际上，在这个时期，供油驱动力已经大于毛细管阻力，原油已经可以自动地选择优势的运移通道，因此运移前端并不齐平，但是由于供油的速率大于运移的速率，原油会在玻璃管下部不断积聚。而随着管柱下部原油液柱的不断增大，原油受到的浮力也不断增大，运移的速率也相应地提高。当下部原油液柱达到一定的高度时，运移速率将大于供烃速率，原油则不再形成聚集，而是沿优势运移通道运移。根据运移现象的观测，结合运移过程的分析，可以将原油的运移分为两个阶段。

(1) 活塞式运移。

当运移速率小于供油速率时，主要依靠供油驱力使原油克服毛细管阻力不断向玻璃微珠孔隙中充注，并且玻璃微珠的填充具有相对均一性，因此充注率很高，使得管柱底部形成一个黑色的油柱。在这个过程中，原油受到的浮力随着油柱高度的增加而不断增大，原油运移的速率也在逐渐提高。

(2) 优势式运移。

当运移速率大于供油速率时，原油沿着具有一定范围的孔隙、喉道相对较大的优势通道运移，可以看到管柱上星星点点地分布着黑色的原油。在这个过程中，原油受到的浮力逐渐增大，成为原油运移速率实现突破的关键因素。因此下部原油的积聚使原油液柱达到一定的高度，是达到这个运移阶段的必然过程。

实验 1 清楚地看到了原油运移的这两个阶段，但实验 2 几乎只表现了活塞式运移的过程。从实验的条件上看，两个实验的差异仅仅在于玻璃管内充填玻璃微珠的粒度不同，实验 2 的玻璃微珠粒度小于实验 1。而正是因为粒度上的差异，导致实验 2 原油运移过程中受到的毛细管阻力远远大于实验 1，从而致使实验 2 在 1.55m 的玻璃管柱中无法出现运移速率大于供烃速率的情况，优势式运移也就不能发生。

2. 原油微观组分变化实验

1) 实验目的

成藏原油的物化性质与运移过程之间存在必然的联系，而原油在运移过程中与运移介质的相互作用也可能导致整个运移过程的变化。实验 3 的主要目的是分析原油在运移过程中，通过与运移介质的相互作用，如何产生组分的变化，以及这种组分变化对原油运移过程的影响。

2) 实验样品

原油样品为塔里木盆地轮南 54 井的井口原油，20℃时原油密度为 0.7951g/cm³，50℃时密度为 0.7729g/cm³，50℃时黏度为 1.85mPa·s，凝固点 13℃（表 4-6、表 4-7）。

表 4-6　原油样品全油气相色谱分析数据统计表

样品编号	原始编号	主峰碳	C_{21-}/C_{22+}	C_{21+22}/C_{28+29}	Pr/Ph	Pr/nC$_{17}$	Pr/nC$_{18}$	CPI	OEP
1	出口 1	C_9	3.06	1.76	1.14	0.26	0.27	0.99	0.94
2	出口 1	C_9	2.99	1.89	1.18	0.27	0.26	1.01	1.07
3	出口 8	C_9	3.06	2.18	1.18	0.27	0.26	0.99	0.99
4	出口 15	C_9	2.83	1.91	1.09	0.27	0.28	1.03	0.92
5	出口 22	C_9	2.81	1.82	1.08	0.28	0.27	0.99	0.94
6	出口 29	C_9	2.76	1.76	1.07	0.28	0.29	1.02	0.96
7	出口 36	C_9	2.64	1.76	1.11	0.27	0.26	1.00	0.92
8	出口 43	C_{14}	2.29	1.43	1.09	0.27	0.28	0.99	0.98
9	出口 50	C_9	2.29	1.68	1.06	0.27	0.29	1.04	0.91
10	出口 56	C_9	3.25	2.34	1.09	0.26	0.26	1.04	0.94

注：CPI 为碳优势指数；OEP 为奇偶优势。

表 4-7　原油样品原油族组分数据统计表

样品编号	原始编号	饱和烃/%	芳烃/%	非烃/%	沥青质/%	饱和烃+芳烃/%	非烃+沥青质/%
1	出口 1	70.71	23.14	3.95	2.20	93.85	6.15
2	出口 1	71.38	22.11	3.70	2.81	93.49	6.51
3	出口 8	67.53	26.03	4.67	1.77	93.56	6.44
4	出口 15	66.05	28.42	4.12	1.41	94.47	5.53
5	出口 22	66.71	25.35	3.85	4.09	92.06	7.94
6	出口 29	66.11	27.95	3.91	2.03	94.06	5.94
7	出口 36	65.25	28.96	3.71	2.08	94.21	5.79
8	出口 43	67.76	25.58	4.25	2.41	93.34	6.66
9	出口 50	68.16	26.25	4.66	0.93	94.41	5.59
10	出口 56	66.40	28.33	4.30	0.97	94.73	5.27

3) 实验现象

由于 9 号以后的样品(9 号、10 号)采集是在系统遭受破坏且修复以后,继续实验所取得的,分析结果明显存在很大的差异,因此将其与前面的过程分开讨论。将 1~8 号样品采集的实验过程称为第一阶段,9 号以后样品采集的实验过程称为第二阶段。

(1) 第一阶段。

图 4-13、图 4-14 为原油运移出运载层后,饱和烃轻重比变化关系图,两者具有一定的相似性,但与入口原油样品相比,图 4-13 表现较重,可能是由于出口样品收集过程中,有一定的轻组分散失所致。而 C_{21} 以上的饱和烃不易散失,因此图 4-14 正常反映了饱和烃轻重比的变化关系:先变轻(2 号、3 号样品),后逐渐变重(4 号、5 号样品),再趋于稳定,并且稳定值与入口原油样品相当(6 号、7 号样品),最后突然变重(8 号样品)。

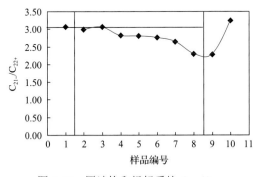

图 4-13　原油饱和烃轻重比 C_{21}/C_{22+} 变化关系图

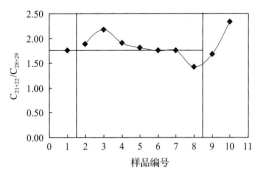

图 4-14　原油饱和烃轻重比 C_{21+22}/C_{28+29} 变化关系图

图 4-15、图 4-16 为原油运移出运载层后,主峰碳正构烷烃含量变化关系图。根据原油饱和烃气相色谱分析(表 4-6),除了出口 43,其他样品包括入口样品,主峰碳都是 C_9,而出口 43 号的主峰碳为 C_{14}。根据饱和烃轻重比的关系,出口 43 是突然变重的一个样品,具有特殊性,其主峰碳也应具有相应的特殊性。图 4-15 是 C_9 的含量变化关系图,而图 4-16

为 C_9/C_{14} 的变化关系图，二者表现了很好的一致性，均表现出从最高值(2 号样品)下降到一个相对稳定值，并且稳定值与入口原油样品相当(3~7 号样品)，最后突然降低(8 号样品)的一种变化过程。

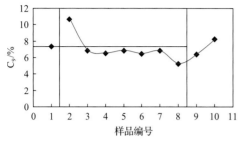

图 4-15　正构烷烃 C_9 的含量变化关系图　　　图 4-16　正构烷烃 C_9/C_{14} 的变化关系图

图 4-17 为原油运移出运载层后，沥青质含量变化关系图，表现了非常复杂的变化关系。沥青质的含量是变化的，含量逐渐降低(2~4 号样品)，后突然增加(5 号样品)，然后突然降低，后逐渐增加(6~8 号样品)。

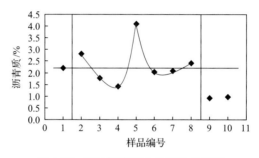

图 4-17　原油沥青质含量变化关系图

(2) 第二阶段。

从样品分析结果看，恢复后的实验系统，原油样品中的轻组分的含量逐渐增大，并且从图 4-17 中可以看出，沥青质的含量也变得非常低。

4) 实验过程分析

在实验过程中，9 号样品取样时，瓶胶塞被顶出的现象表明，实验系统承受的压力是逐渐增大的。而造成这种压力不断增加的唯一原因只能是玻璃管中原油的流动能力逐渐变差。但实验系统的各个部分都没有发生变化，原油的运移能力怎么会发生变化呢？根据原油物理化学性质的分析，原油中沥青质的含量是影响原油运移能力的主要因素，在其他条件恒定的情况下，原油中沥青质的含量越高，其流动能力越差。因此，这种原油运移能力的变差应该与沥青质或其他大分子量烃类物质的作用有着密切的关系。

沥青质分子量大、极性强，对孔隙岩石有很强的吸附性。大量吸附在运移路径上的沥青质不仅会导致运移通道的缩小，而且会对运移原油产生作用。并且运移原油会出现沥青质在某些运移路径上富集的现象。而这种沥青质的富集也与沥青质在运移路径上的吸附有关。在实验过程中，由于沥青质的吸附作用较强，最初沥青质含量逐渐减少。并且由于沥青质的极性较强，吸附在玻璃微珠表面的沥青质对运移原油中的一些极性化合物也必然产生一定的作用。这种作用不仅影响了原油的运移，还可能导致沥青质在某些位置形成一定程度的集结。因此沥青质在运移介质表面的吸附主要产生三个方面的作用，阻碍原油的运移：①导致运移通道相对缩小，尤其是在小孔隙和孔隙喉道处，影响特别明显；②通过对运移原油中强极性分子的作用而限制原油运移的速率；③导致一些强极性分子在运移原油的某些运移路径上形成富集，使原油黏度增大，运移能力变差。

由于原油运移受到阻碍，运移系统的压力会不断增大。但恰恰是由于压力的增大导致供油驱动力相应增大，使得强极性分子集结段原油也不断运移。当强极性分子集结段原油运移至出口后，系统压力下降，同时沥青质的含量也发生骤降。可以看到出口 22 号样品的沥青质明显高于其他样品，这就是集结段的表现，并且此时吸附在玻璃微珠表面的沥青质的数量也达到一个极大值。随后，由于沥青质的解吸，而使得运移原油中沥青质的含量逐渐增大，但新的集结也在不断进行，系统压力也逐渐增大，实验的中断就是发生在这个时期。

第二阶段，恢复后的实验过程，必须达到一定的注入压力，原油才能进入玻璃管内，形成运移。因此开启恒流泵后，经过很长一段时间，系统压力的逐渐升高，达到临界值后，原油进入玻璃管柱，运移过程得以继续。从样品分析结果看，原油样品中的轻组分的含量逐渐增大，而且沥青质的含量也变得非常低，表明保留在玻璃管中的原油对运移产生了作用。这种作用类似于分子筛作用，滞留了原油中极性较强、分子量较大的原油分子，因此出口原油变轻，且沥青质含量很低。

3. 原油运移机理分析

原油运移发生的主要条件是动力大于阻力。根据原油运移的相态、动力和阻力的分析，静水条件下地层中游离相原油受到的动力主要是浮力，主要的阻力为毛细管力。只有当原油所受浮力大于毛细管阻力时，运移作用才能够发生。随着烃源岩生排烃过程的不断进行，初次运移原油会在运载层逐渐聚集。与实验过程不同，在烃源岩正常生排烃过程中，烃源岩的孔渗性远远小于运载层，因此一般初次运移导致的供烃速率非常低，可以不考虑供烃速率与二次运移速率之间的关系。

随着排烃过程的持续，原油的聚集量不断增加，浮力也在不断增大。但地下实际的运载层与实验的玻璃微珠充填不同，一般存在较强的非均质性。原油充注运载层的过程，是沿毛细管阻力小的方向进行，优先充填大孔隙，由于存在一些原油难以进入的微细孔隙和不连通的死孔隙，因此这种原油的聚集可能不会达到实验中表现出的那样高的充注率。但最初浮力较小，因此对孔隙的纵向位置的选择性不强，导致充填的范围和程度也会比较大，形成类似实验初期的原油聚集的态势。随着原油的不断聚集，当油柱高度超过临界高度时，即所受的浮力大于临界毛细管阻力时，原油将沿一定范围的孔喉相对较大的通道运移，并且由于浮力的作用，对于孔隙的纵向位置也有一定的选择性，使得这种通道往往位于运载层的上部。因此，对于原油运移阶段的划分，应以浮力与毛细管阻力的关系来区分。实际上指进式只是形式上的表现，由于运载层的非均质性，活塞式运移阶段也可能表现出沿不同方向的推进，而优势式本身就是沿一定方向的突进。因此将原油运移的表现形式和本质特征相结合，可将原油运移划分为两个阶段：浮力小于毛细管阻力的活塞式运移和浮力大于毛细管阻力的优势式运移。

根据原油运移实验的结果分析，原油在运移过程中发生着复杂的变化，结合原油本身物理、化学性质以及影响原油运移过程的外界条件等的分析，主要有两个条件制约着这种微观组分的变化过程：一个是地层岩石孔隙和喉道的大小，另一个就是孔隙岩石表面对原油不同组分的吸附能力的差异。地层形成过程中，地层水就占据了岩石的孔隙，并且一般岩石矿物表面具有水润湿性，因此经过长期的相互作用，岩石表面吸附着水分子，形成吸附水。这种吸附水与孔隙地层水是不同的，它们与岩石表面产生了一定的作用力，需要一定的能量才能够将其从岩石表面消除。当原油进入充满地层水的孔隙时，亲水的岩石孔隙中的地层水将对原油的侵入产生一定程度的抵触，在细小的孔隙和喉道处产生毛细管阻力，阻碍原油进入岩石孔隙。但是由岩石中有机质热演化而生成的石油，天生对岩石就有一种亲和力，原油不仅可以润湿岩石，还因为其分子量和极性都大于水分子，所以原油的润湿能力强于地层水。因此，原油分子会不断置换岩石表面已经吸附了的水分子。经过一定时期的相互作用，岩石和原油可以形成巩固的同盟，原油运移在已经流经的路径上，不再有毛细管阻力的阻碍。并且原油具有一定的黏度，限制了其运移的速率，因此原油很难轻易放弃已经被占领的区域，这种同盟关系也可以得以长久保持。同时，通过一定的优势运移通道不断地向有利圈闭中输送原油，原油也将最终聚集成藏。当然，如果发生构造运动，地层形态发生重大变化，优势运移通道改变后，在先前运移路径上的原油或被封闭，或自寻出路。而随着原油的不断供给，原油也将沿着新的优势通道继续运移。

从原油的微观组分上看，原油是一种主要由碳氢化合物组成的复杂的集合体，包含饱和烃、芳烃、非烃和沥青质等众多的组分，而且各组分具有不同的性质。其中饱和烃无极性或极性很弱；而沥青质不仅分子量大，还具有很强的极性。地下岩石矿物对分子量较大、极性较强的沥青质有着更强的吸附作用。但是由于吸附作用力本身很小，导致这种作用力对相互混杂交织的各种原油组分的选择性并不强，因此最初置换岩石表面吸附水的组分不仅仅是沥青质，其他组分如饱和烃、芳烃和非烃等都会有作用，但是被吸附组分的比例随极性和分子量的大小而变化。随着运移过程的继续，已经被岩石表面吸附了的原油分子，也会根据分子量和极性的大小而发生置换，即沥青质会逐渐置换其他组分分子，而达到一种平衡。

如果将吸附物与岩石看作一体，那么随着沥青质在岩石表面的富集，运移的通道不断缩小。而岩石表面由于吸附了沥青质，对原油中极性较强组分的作用力也会不断增大。原油中的这些分子量较大、极性较强分子均匀地分散在这种具有一定黏度的复杂的化合物集合体中，因此由于岩石表面吸附的沥青质的作用，原油运移受到一定的限制。并且由于吸附在岩石表面的沥青质的作用，其他极性较强的分子容易被捕获，在某些运移路径上甚至可能形成这种强极性、大分子量的原油组分的富集，进一步限制原油的运移。这种情况的出现是由原油和其运移介质——孔隙岩石的自身性质决定的，是原油运移过程的必然结果。随着供烃的不断发生，聚集的油柱高度在不断增大，运移的动力——浮力也不断变大，原油的运移也得以继续。而这种强极性、大分子量的原油组分的富集段，在原油运移的路径上可能会分段出现，因此随着运移过程的继续，运移的阻力会越来越大。这种阻力与毛细管阻力不同，它是原油自身组分对孔隙和喉道的阻塞以及原油本身组分之间的这种黏滞力综合作用的结果，并且这种阻力远远大于毛细管阻力。因此由于吸附作用而造成运移受到限制的结果是，聚集的油柱高度在不断增大，原油运移的范围也在不断扩展，在运移前端岩石孔隙条件很差时，更可能在运移路径上形成大量的原油聚集，甚至可能形成一定的储量。而且这种聚集是运移过程的产物，会随运移作用的继续而时刻发生变化。

另外，由于构造抬升和沉降运动，导致生烃作用中断后又继续生烃的情况下，如果构造形态没有明显变化，原油运移路径也基本保持不变时，由于运移路径上原油长期处于停滞状态，强极性分子相互作用，可能形成类似于分子筛式的运移通道，对后期原油可以起到很好的过滤作用。大分子量的、极性强的分子部分滞留在通道内，使原油变轻。当然，在进行这种过滤作用的同时也会形成相互溶解，并产生各组分分子的交换等作用。而这种情况下，原油运移的阻力——黏滞力会更大，导致原油的积聚规模更大。

第五节　天然气二次运移物理模拟实验技术

与原油运移研究相同，要把握天然气运移的规律，首先要弄清天然气运移的相态、动力和阻力。天然气呈气态，分子间的相互作用力相对较弱，因此容易形成扩散，并且天然气在地层水中具有一定的溶解度，而天然气在原油中的溶解度则更大，因此天然气的运移相态应包括游离相、油溶相、水溶相和扩散相。对于天然气的聚集成藏来说，可以将油溶相和水溶相看作是气源，而扩散相本身就是游离相的一种情况，因此游离相是天然气最主要的运移相态。天然气密度较地层水小得多，而且分子小、扩散能力强，因此其运移的主要动力是浮力和扩散力。而天然气与地层水是两种不同相态的流体，因此天然气在岩石孔隙中运移时，毛细管阻力必然会阻碍天然气的运移，并且由于润湿性的差异，这种阻力比原油运移的毛细管阻力大得多。

一、研究现状

由于轻组分的运移能力较强，导致天然气在运移过程中轻组分的含量会不断增大，并且目前认为岩石表面对天然气吸附也是造成这种运移结果的原因。测定岩石吸附气量的方法主要有两种：一是将岩样在真空中处理后完全去除表面吸附气体，然后在设定条件下将岩石浸泡在某一已知组分的气体中，通过测定气体体积或质量的变化计算岩石表面实际的吸着气量；二是直接将获得的岩样进行脱吸附气量处理，依据脱出的吸附气量计算岩石的吸着气量。但在实际的地质条件下，岩石孔隙内充满了地层水，岩石表面并非空气或真空，而是吸附了地层水，并且这种吸附力具有一定强度。与原油不同，天然气组分分子小且无极性，不具备置换岩石表面吸附水的能力，不能润湿岩石，因此从物理学角度上看，吸附作用对于天然气运移应该不能产生影响。

二、实验流程

实验流程如下：

(1)根据实验需要，连接各处管线，确保管线连接到位，无泄漏部位，否则将影响整个实验的正常进行，实验所得出的数据也将不准确。

(2)熟悉本套装置的流程，对装置中的各个部件的功能要有所了解，在此基础上才可以进行试验。

(3)打开控制面板上的"启动""总电源""加热""风机""照明"按钮，启动"回压泵"向回压容器中注入压力。

(4)启动"环压泵"，"环压泵"将水注入"缓冲容器"中，打开"缓冲容器"的出口阀门就可以对夹持器注入环压。

(5)启动两台"注入泵"向两个中间容器中分别注入"水"和"油"，同时启动"空气泵"向"缓冲容器"中注入气体。在注入过程中，中间容器的出口阀门和缓冲容器的出口阀门待达到需要的压力后同时开启，此时打开相应进口阀门，启动控制面板上的相应按钮。

(6)使介质进入夹持器内，在介质进入夹持器之前应确保夹持器的环压已达到需要压力。

三、应用实例

1. 宏观运移过程实验

1)实验目的

与原油运移过程相似，天然气在运移过程中，运移的方式和经历的路径必然对天然气的物化性质产生影响。实验 1 和实验 2 主要目的在于从宏观现象上观察天然气运移的一般过程，主要是观察运移方式和运移路径的特征。

2)实验现象

实验 1 开始后，天然气没有像原油运移实验表现的那样在管柱底部形成聚集，而直接沿优势通道运移，在玻璃管内侧形成不十分密集的白点，运移至 30～40cm 处，管柱内侧的白点开始变得密集；而运移到 60～70cm 以上，白点更加密集，并且白点的位置在频繁地变化[图 4-18(a)]。

实验 2，天然气注入压力调整到 0.025MPa 实验开始后，天然气在管柱底部形成聚集，形成 15cm 左右在玻璃管内侧白点密集分布的运移段[图 4-18(b)中的左侧]，其后到管柱出口的运移段内，管柱内侧几乎看不到白点的分布；调整注入压力为 0.12MPa 后，管柱底部聚集段的高度增加至 25cm 以上[图 4-18(b)中的右侧]，其后到管柱出口的运移段内，都有白点分布但不是很密集，而运移到 70～80cm 以上，管柱内侧分布的白点的位置变得不是很稳定。

(a) 实验1　　　　　　　(b) 实验2

图 4-18　实验 1 和实验 2 天然气运移过程图

3) 实验过程分析

天然气在饱和水的玻璃微珠充填的玻璃管内运移过程中，受到三种力的作用：供气的驱动力、浮力和毛细管力。其中供气驱动力和浮力是运移的动力，而毛细管力是运移的阻力。与原油的运移类似，当运移的速率小于供气的速率时，天然气会形成积聚；当运移的速率大于供气速率时，天然气会沿优势通道运移。实验 1，充填的玻璃微珠粒径比较大，形成的孔隙比较大，致使毛细管阻力非常小、运移的速率比较高且大于 0.025MPa 天然气注入压力时的供气速率，因此在玻璃管柱底部没有形成天然气的聚集。实验 2，充填的玻璃微珠粒径比较小，形成的孔隙比较小，致使毛细管阻力较大，运移的速率不高，并且最初的运移速率小于 0.025MPa 天然气注入压力时的供气速率，因此在玻璃管柱底部形成天然气的聚集；而调整注入压力为 0.12MPa 后，供气速率增大，因此天然气在管柱底部聚集段的高度也相应增大。而且注气压力 0.025MPa 时，由于供气速率不高，因此天然气的运移过程不活跃，一些现象被隐藏在管柱内部，不能被观测到；而当调整注气压力为 0.12MPa 后，由于供气速率的提高，天然气运移变得活跃起来，并且运移范围也有所增大，可以从管柱内侧观测到运移过程的变化。根据实验现象的观测，结合天然气运移特征的分析，可将天然气运移分为三个阶段。

(1) 活塞式。

当运移速率小于供气速率时，主要依靠供气驱动力使天然气克服毛细管阻力不断向玻璃微珠孔隙中充注，而且由于玻璃微珠的填充具有相对均一性，因此充注率很高，几乎充满每一个孔隙，使得管柱底部形成一个白色的气柱。在这个过程中，天然气受到的浮力随着气柱高度的增加而不断增大，原油运移的速率也在逐渐增大。

(2) 优势式。

当运移速率大于供气速率时，天然气沿着具有一定范围的孔隙、喉道相对较大的优势通道运移，可以看到管柱上星星点点地分布着白色的气孔。在这个过程中，天然气受到的浮力逐渐增大，成为天然气运移速率实现突破的关键因素。因此，下部天然气的积聚使气柱达到一定的高度，是达到这个运移阶段的必然过程。

(3) 断续式。

由于天然气呈气态，分子间的相互作用力很弱，而且不能改变岩石的润湿性，不能形成类似原油运移的那种稳定的运移通道。随着天然气的不断推进，天然气受到的浮力不断增大，运移速率也不断增大。当运移速率达到某个临界值时，天然气的运移通道可以断开，具有一定气柱高度的天然气可以在浮力的作用下继续运移。但天然气在运移过程中会被分散而气柱高度不断减小，当气柱高度减小到一定程度时，受到的浮力将小于毛细管阻力，运移也转回活塞式，又进入积聚阶段。

2. 微观组分变化实验

1) 实验目的

成藏天然气的物化性质与运移过程之间存在必然的联系。实验 3 和实验 4 的主要目的就在于分析运移过程中，天然气组分的变化情况，并研究产生组分变化的原因以及这种变化对天然气成藏的影响。

2) 实验材料

实验 3：调整注气压力至 0.025MPa，从开始出气起，在出口连续取样，共取样 9 袋，200～300mL/袋。

实验 4：提前注入一定量原油，油面升至 30～40cm，停注；调整注气压力至 0.025MPa，开始注气，从开始出气起，在出口连续取样，共取样 9 袋，每袋 200～300mL。对两个实验的部分样品进行了天然气气相色谱分析 (表 4-8、表 4-9)。

表 4-8 实验 3 天然气气相色谱分析数据表

样品编号	原始编号	组分/%						
		C_1	C_2	C_3	iC_4	nC_4	iC_5	nC_5
1	1	74.85	14.91	6.92	1.67	1.65		
2	2	76.81	14.48	6.01	1.43	1.27		
3	4	75.69	14.86	6.40	1.57	1.48		
4	6	75.45	14.87	6.54	1.60	1.55		
5	8	75.24	14.94	6.63	1.63	1.57		
6	10	75.32	14.87	6.63	1.63	1.56		

3) 实验现象

实验 3：考虑到墨水中的溶质可能对天然气的不同组分产生作用而影响实验结果的分子，因此没有事先对饱和水染色，导致实验现象的观测不是很清晰，但也可以明显看到天然气在管柱底部大约有 6cm 的聚集高度，在其上的运移管柱内侧可以看到泛白的气孔，但位置变化不明显。

表 4-9 实验 4 天然气气相色谱分析数据表

样品编号	原始编号	组分/%						
		C_1	C_2	C_3	iC_4	nC_4	iC_5	nC_5
1	20	74.67	14.98	6.94	1.71	1.70		
2	11	78.55	13.90	5.03	1.01	0.97	0.23	0.31
3	13	75.17	15.02	6.54	1.58	1.49	0.08	0.13
4	15	75.11	14.91	6.74	1.59	1.53	0.05	0.07
5	17	74.91	14.93	6.81	1.64	1.59	0.04	0.09
6	19	74.77	14.98	6.89	1.67	1.61	0.03	0.06

实验 4：天然气开始注入后，首先在下部油柱部位形成 12cm 左右的气柱聚集，然后沿优势的运移通道向上运移，并且这种优势的运移通道与前期充注原油时原油优先运移的路径大致相当。天然气在运移过程中还通过不断将原油向上驱赶，基本形成相对稳定的运移通道；而油柱上部管柱内的运移情况类似实验 3，至实验结束，油柱被向上推进了 15cm 左右。

4) 实验过程分析

从实验结果看，两个实验都表现了出口气组分中甲烷的含量随时间的推移而迅速减少，并趋于稳定的变化规律。但实验 3 的出口天然气样品趋于稳定的甲烷含量高于源气，而实验 4 的出口天然气样品趋于稳定的甲烷含量与源气相当，并且实验 3 第一个样品的甲烷含量高于源气约 2%，而实验 4 第一个样品的甲烷含量高于源气约 4%，两者存在明显的差异(表 4-8、表 4-9，图 4-19、图 4-20)。

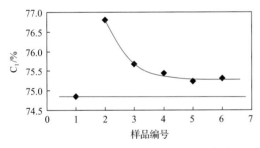

图 4-19 实验 3 天然气甲烷含量变化关系图

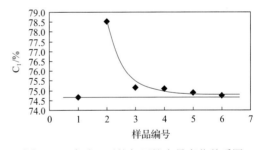

图 4-20 实验 4 天然气甲烷含量变化关系图

对于天然气的运移来说，地层水的溶解是一个必须考虑的问题，但在常温常压条件下，计算玻璃管中饱和水的溶解量可知，天然气的溶解量十分有限，对于运移组分变化的影响可以忽略(表 4-10)。因此，最初变轻的原因应该是由于甲烷分子最小，扩散能力和运移能力最强，最先通过运载层的天然气中甲烷含量最大，但随着重组分到达出口，天然气组分中的重组分含量也不断增大，并且随着运移过程的继续，其组分也基本稳定。但实验 3 的这个稳定值明显高于源气，表明一些重组分被封闭在管柱内，不能被运移至出口。那么什么原因造成这种结果呢？由天然气自身属性分析以及与固体介质之间的关系，天然气不会被吸附了水分子的固体表面吸附，并且玻璃管中充填的玻璃微珠表面非常光滑，其本身的吸附能力就很弱。结合天然气运移方式的分析，形成这种结果的原因应该是断续式的运移。天然气突破毛细管阻力，在浮力作用下运移时，随着运移距离的增大，会不断地分散，气柱高度逐渐减小，浮力也不断变小，最终导致天然气运移的停止，部分天然气滞留在孔隙中。这种断续式运移具有一定的随机性，当后期运移天然气补充，继续运移时，一部分天然气仍然不能被激活。甲烷的扩散和运移能力强于其他重组分，因此被封闭、残留在孔隙中的往往是一些重组分，最终导致趋于稳定的出口天然气样品的甲烷含量稳定在一个高于源气的水平上(实验 3)。

表 4-10　实验玻璃管柱内饱和水的最大溶气量

内径/cm	长度/cm	管内体积/cm^3	孔隙度/%	饱和水体积/cm^3	溶解度/ppm	溶解量/cm^3
3.3	155	1326	39.8	527	257.5	0.136

原油对天然气有较强的溶解能力，并随天然气分子量的增大而成倍增加，因此，实验 4 最初的运移分异作用效果要远远强于纯水，使得含量高了近 2%，同时天然气也溶解了少量原油中的戊烷。但随着天然气在下部对原油的驱替，形成其自身稳定的运移通道后，原油不再对天然气有溶解作用，因此甲烷含量迅速减少，而戊烷也逐渐消失。由于原油的充注，实验 4 中水柱高度仅为实验 3 的 2/3～3/4，断续式运移路径较短，导致封闭、残留现象不明显，因此其稳定值与源气相当。而实验 4，组分中含有戊烷表明，天然气也可以溶解原油中的部分轻质组分。

3. 天然气运移机理分析

与原油的运移相似，天然气运移发生的充分条件是动力大于阻力。在烃源岩正常生排烃过程中，烃源岩的孔渗性远远小于运载层，因此初次运移导致的供烃速率非常低，可以不考虑供烃速率与二次运移速率之间的关系。因此浮力和毛细管阻力之间的关系决定了天然气的运移过程。通过实验过程的观察可以将天然气运移分为活塞式、优势式和断续式三个运移阶段。但实际上，根据三者的特征，断续式是由活塞式和优势式共同组成，而且代表了天然气运移的特征。结合运移的动力和阻力的关系，可将天然气运移分为两种基本运移方式，即活塞式和优势式。当浮力小于毛细管阻力时，天然气在运载层形成积聚，运移的方向性不明显，形成活塞式运移；当浮力大于毛细管阻力时，天然气沿一定的位于运载层上部的优势通道运移，存在较明显的向上运移的趋势，同时运移通道的范围缩小，形成优势式运移，并且由这两种运移方式共同组成天然气特殊的断续式运移。

天然气与原油之间存在很大的差异。天然气由低分子量的分子组成，并且呈气态，分子之间的距离较大，相互作用力较弱，并且由于分子较小而容易扩散。但天然气各组分的扩散、运移能力存在很大的差异，分子越小，扩散、运移能力越强；分子越大，扩散、运移能力越弱。因此天然气通过多孔介质时，各种组分容易发生分异作用。尽管天然气与石油差异很大，但二者都以烃类物质为主且生烃母质相同，因此石油对天然气始终保持着很强的亲和力，天然气在石油中有着非常高的溶解度。实际上，天然气的生成伴随着石油的生成，但在石油大量生成阶段，天然气被完全溶解在石油中。随着地层温度压力的升高和生烃过程的持续，天然气的生成量不断增加，气、油比也在不断地增大，最终烃源岩中的石油不能完全溶解生成的天然气时，就出现了游离相天然气的运移。原油在运移过程中，由于温度压力条件的下降，天然气在原油中的溶解度也会达到饱和，一部分天然气会不断地从原油中分离出来，也可以形成游离相的天然气运移。因此，原油早于天然气出现，而运移路径上的残留原油也必将对天然气的运移产生影响。

从运移过程来看，天然气的运移是一个连续—间断—连续的循环过程，断续式运移是天然气与原油运移最大的不同之处。正是由于天然气的这种特殊的运移形式，导致天然气在运移过程中，必然会与实验结果一样表现出天然气干燥系数增大的趋势。实验表明，天然气可以在基本饱和原油的多孔介质中形成稳定的通道，不再受原油溶解的影响。但在实际地层在高温高压条件下，原油也具有较好的流动性，天然气的断续式运移在饱和原油或油水共存的岩石孔隙中同样存在。因此，在天然气运移过程中难以形成稳定的运移通道，而是随机的动态的优势运移通道，这种断续式的动态运移的结果使天然气反复与运移路径上残留原油作用而被部分溶解，特别是分子量高的组分，但同时天然气也可以溶解微量轻质原油组分。并且断续式运移可以导致部分重组分被封闭、滞留在充满地层水的岩石孔隙中。因此，天然气运移的结果必然是甲烷含量越来越高，运移距离越远，天然气干燥系数越大。

第五章 油气成藏物理模拟技术应用

在成藏学研究历史上，如何利用实验室条件模拟漫长地质历史条件下的油气成藏过程是一个值得众多地质学家探讨的问题。油气成藏物理模拟技术是研究油气成藏学的一种技术方法，是通过物理模拟把地质、成藏动力学、流体动力学等学科结合起来，从动态的、立体的、可视的、定量的角度来认识油气运移成藏史，是油气地质研究中一项强有力的研究工具。油气成藏物理模拟技术是油气成藏研究的重要手段，在石油地质理论的发展中起到了重要作用。自21世纪以来，国内外许多学者一直重视油气二次运移和聚集模拟实验研究。长期以来，国内外用于研究油气成藏动力学的物理模拟手段比较有限，主要包括一维、二维和三维填砂模型。这些物理模拟实验装置具有实验操作简单、可视效果好等优点，但存在较大缺陷，如与地下地质条件相似性较差，缺少开展油气成藏动力学定量研究。中国石油天然气集团公司盆地构造与油气成藏重点实验室根据目前国内外油气成藏物理模拟实验技术的不足，自主研发和引进多套实验装置，形成了一套相对完善的油气成藏动力学物理模拟实验系统，并开展大量实验工作与应用。

本章主要从油气充注、含气性测试等特色油气成藏动力学物理模拟技术在沁水盆地沁南地区煤层气、吉林扶余油层致密油、四川盆地川中须家河组致密砂岩气、前陆冲断带构造变形过程中断-盖组合控藏四个方面的实验分析与应用进行详细研究和介绍。

第一节 沁水盆地南部煤层气富集机制

沁水盆地是我国进行煤层气商业化开发较早，且目前我国煤层气产量最高的含煤盆地，是世界上高阶煤煤层气的典型代表。中联煤层气公司、中石油煤层气公司、蓝焰公司等单位近些年来的勘探，相继在盆地南部的潘庄、寺庄、樊庄等区块获得了高产煤层气井，最高日产量达16000m³/d，平均稳产可达2000~3000m³/d。

沁水盆地位于山西省中南部，四周分别被太行山、中条山、吕梁山和五台山隆起所围限。石炭纪—二叠纪华北克拉通接受了广泛的含煤沉积后，由于印支运动，特别是燕山运动的作用使地层抬升遭受剥蚀，沁水盆地是形成的多个晚古生界残留盆地之一。该残留盆地总体上为一走向NNE的宽缓复式向斜，区内构造简单，断层稀少，地层倾角为5°左右，宽缓的NNE和近SN向次级褶曲发育。盆地南部地区是我国重要的煤层气勘探区，蕴藏着丰富煤层气资源，目前已成为中国煤层气勘探开发的热点地区之一。

一、成藏地质特征

沁水盆地南部煤层气藏的主要煤层为山西组的3号煤和太原组的15号煤(图5-1)。其中15号煤一般厚度为1~6m，平均厚3m，煤层分布的总体趋势为东厚西薄，北厚南薄，属较稳定煤层。3号煤层厚度为4~7m，平均厚度为6m，总体上表现为东厚西薄的趋势，分布稳定(图 5-2)。15 号煤埋深在 0～900m 左右，大部分区域不超过 700m，3 号煤层比 15 号煤层浅数十米。这一埋藏深度非常利于煤层气开发。

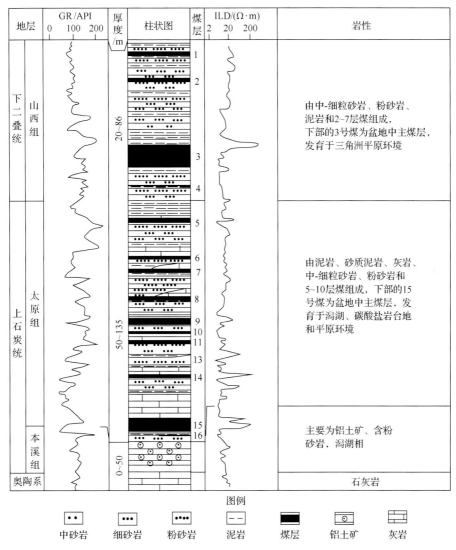

图 5-1　沁水盆地石炭系－二叠系含煤地层综合柱状图

沁水盆地南部煤层气含量高，3 号煤含气量高于 15 号煤。山西组 3 号煤层含气量一般为 8～30m³/t，最高可达 37m³/t，太原组 15 号煤层含气量一般为 10～20m³/t，最高可达 26m³/t。端氏-潘庄-樊庄一带煤层气含气量高，是煤层气富集的主要地区。另外，在研究区内北部的枣园地区，煤层气含量相对较高，形成了一个小型的煤层气富集中心。3 号煤含气饱和度为 87%～98%，平均 93%，15 号煤含气饱和度为 71%～76%，平均 74%。总体看煤层气藏含气饱和度低，以欠饱和为主，个别呈饱和状态。煤层气资源丰度高，达到 $2×10^8 m^3/km^2$ 以上。以甲烷含量 80%为下限，浅部煤层气风氧化带的深度一般在 180m 左右。

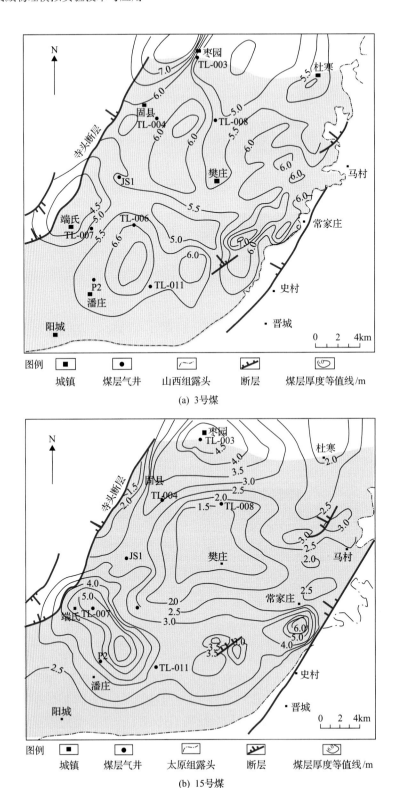

(a) 3号煤

(b) 15号煤

图 5-2　山西组 3 号煤层和太原组 15 号煤层厚度等值线

煤层气组分以甲烷为主，其含量一般大于 98%，分布范围为 98.16%～98.99%，此外含少量的 N_2（0.96%～1.63%）、CO_2（0.02%～0.15%），重烃气只有少量 C_2H_6，含量仅 0.012%～0.029%。

煤层孔隙主要为微孔和过渡孔，具有少量的中孔和大孔，煤层孔隙具有一定的连通性，有效孔隙度为 1.15%～7.69%，一般均小于 5%。煤储层渗透率为 $0.1～6.7×10^{-3}μm^2$，一般不超过 $2×10^{-3}μm^2$，具有明显的方向性，沿主裂隙方向具有最大的渗透率。由浅部向深部，渗透率逐渐降低，渗透率随地应力的增加而减小。

沁水盆地南部煤的吸附能力大，朗缪尔体积一般为 $28.08～57.87m^3/t$，朗缪尔压力为 1.91～3.99MPa，其中晋城地区等温吸附实验数据表明，原煤和可燃质的朗缪尔体积分别为 $35.30～43.11m^3/t$ 和 $41.40～57.87m^3/t$，朗缪尔压力为 2.13～3.77MPa。

沁水盆地南部煤层气藏储层压力具有偏低的特点，一般情况下，3 号煤储层压力为 0.08～3.36MPa，15 号煤为 2.24～6.09MPa，压力系数多小于 0.8，属于欠压储层，个别地区存在正常压力，异常高压储层罕见。

3 号煤的顶板多为泥岩和粉砂质泥岩，其次为粉、细砂岩，直接顶板厚度多在 10m 以上，樊庄-潘庄区块厚达 24～55m，晋试 1 井 3 号煤直接顶板厚度 30m，山西组泥岩厚 55.4m，区域盖层厚 159m，底板以粉砂质泥岩为主，泥岩裂隙不发育，空间上连续稳定分布，封盖能力较强，对煤层气保存有利。15 号煤层顶板为区域分布稳定的浅海相灰岩（K_2 灰岩）。研究区内灰岩裂隙不发育，封盖性能好。寺头断层附近灰岩裂隙十分发育，为透气层。3 号煤泥岩盖层突破压力为 3～10MPa，15 号煤灰岩为 2～15MPa，封盖能力强。根据 3 号、15 号煤层盖层类型及分布、构造形态和裂隙特征分析认为：3 号煤优于 15 号煤层，这是 15 号煤含气量低于 3 号煤的重要原因。晋试 1 井周围地区盖层分布及盖层封堵能力是目前已知研究区中最好的，是保存条件最好、煤层气含量最高的地区之一。

沁水盆地南部煤层气藏的侧向上主要受边界断层和水动力封闭，可能存在物性边界封闭，但是到目前为止还没有直接的证据。沁水盆地南部煤层气藏西部为封闭性的寺头断层，东部和南部的主要边界为水动力边界。气藏的北部主要受地下水分水岭控制，该分水岭呈东西向展布，东部至露头，西部至寺头断层。

二、物理模拟实验

物理模拟实验的目的是利用现有实验室设备（如油气成藏动力学模拟系统等）模拟实际煤储层的地质特征，即近似深度的地层温度、各种压力等条件下的煤储层物性及含气量等相对变化，力求重现煤层气富集过程中某一方面或几个方面，为揭示煤层气富集机理提供手段和证据。

为了模拟和验证煤层气盆地斜坡深度域上含气量和渗透率的耦合作用，设计了物理模拟实验来进行不同温压条件下煤层渗透率对应的含气量和产气量的测定（图 5-3），为斜坡含气量和渗透率耦合效应富集机制的探讨和模式的建立提供直接证据。

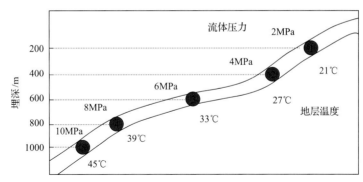

图 5-3 物理模拟实验地质模型

①～⑤为测试点

煤层气物理模拟实验在中国石油天然气集团分司盆地构造与油气成藏重点实验室完成，所用实验装置为油气成藏动力学模拟系统。根据实际地质条件的分析，该实验原理为分别模拟缓斜坡煤层不同五个构造部位的地质特征，包括上覆压力、流体压力和温度等参数，对比每个部位煤层的产气量和含气量。在实验过程中，为了排除煤层非均质性对实验结果的影响，将研究区的目的煤层的样品钻取了一块直径为 2.5cm、长度为 4.3cm 的煤岩岩心，利用同一个煤岩岩心分别模拟不同构造部位的样品。将所钻煤岩岩心样品放入岩心夹持器中，首先对样品点 1 进行模拟，通过围压跟踪泵设置样品围压 5MPa，温度设定为 21℃，然后根据稳态法利用氦气测定此状态下样品的克氏渗透率；渗透率测定后，利用氮气对样品进行充注，充注压力设为 2MPa，夹持器出口端的回压阈值与充注压力相等，其作用是保证夹持器内流体压力恒定在 2MPa，待仪器装置参数稳定后，将样品平衡 24h 以使其充分吸附达到吸附平衡，之后关闭进气阀，逐步降低回压阈值到 0.5MPa 和 0MPa，利用排水采气法对产气量和含气量进行测量，另外，需要对记录的气量进行实验装置中管线体积扣除的校正，以便得到样品准确的含气量和产气量数据。完成样品点 1 的模拟之后，按照同样的方法对其他样品点 2～样品点 5 进行模拟，最后对比和分析产气量和含气量与各参数的关系(图 5-4，表 5-1)。

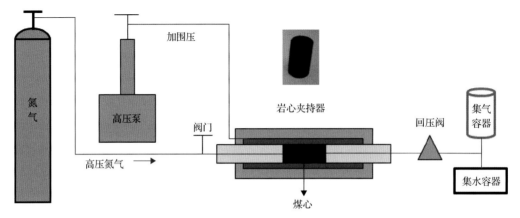

图 5-4 物理模拟实验原理图

表 5-1   模拟实验各部分参数设置

样品点	温度/℃	围压/MPa	流体压力/MPa	回压/MPa	平衡时间/h
1	21	5	2	2	24
2	27	10	4	4	24
3	33	15	6	6	24
4	39	20	8	8	24
5	45	25	10	10	24

通过记录和分析物理模拟实验的结果(图 5-5),煤层在不同围压控制下,渗透率先迅速减小后逐渐降低的趋势,从 1～5 号样品点的渗透率变化曲线可以看出,在样品点 2 附近出现渗透率拐点(渗透率由迅速降低到缓慢降低的点),如果假设压力梯度为 1MPa/100m,那么实际煤层所对应的深度在 400～600m 的范围。实验的含气量结果表现为从 1～5 号样品点逐渐增加,增加趋势为先迅速增加后平缓增加或者保持不变,含气量由快速增加到缓慢增加的转折点出现在样品点 3 附近,其对应的深度为 600m 左右(压力梯度为 1MPa/100m),而产气量的变化却是先增加后减小,产气量变化的拐点在样品点 3 处,即该拐点之前样品产气量增加,之后降低,因此在拐点处产气量为最大值,所对应的深度为 600m 左右,正好是渗透率和含气量拐点出现的范围,该范围的含气量和渗透率的耦合作用造就了煤层气的高产。物理模拟实验的结果与实际地质现象和统计数据项吻合,也证实了煤层的含气量和渗透率的变化存在耦合作用,并在两者的优势叠合带处对煤层气产量的贡献发挥的最大,有利于该区域的煤层气井高产。

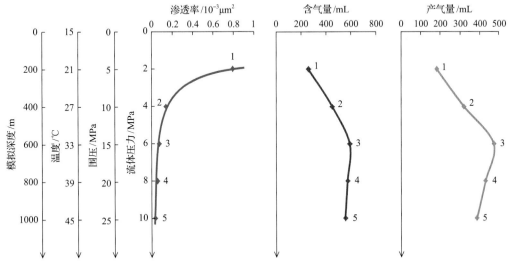

图 5-5   物理模拟实验结果

1～5 为样品点

三、煤层气成藏过程

煤层气富集区的形成是一个漫长的地质过程,尤其对中高阶煤煤层气而言,其经历多次构造沉降和抬升,煤层气富集区的形成过程较为复杂,一直以来是煤层气地质研究的难点。本节立足于我国典型的中高阶煤煤层气分布地区——沁水盆地南部，详细剖析了研究区煤层气的地质演化过程，包括埋藏史、热史以及水文地质条件演化等，通过对收集的样品(煤、地层水、煤层气等)的分析，并结合物理模拟实验和数值模拟确定了研究区煤层含气量及相态的变化过程和规律，明确煤层气富集改造的时间，重建高丰度煤层气富集区煤层气的富集过程。高丰度富集区形成过程的研究有助于更清晰地认识高丰度煤层气富集区形成机制，指导煤层气的勘探。

1. 沁水盆地南部煤层气地质演化过程

沁水盆地南部位于吕梁-太行断块的西南，西临离石大断裂，并与鄂尔多斯盆地的兴县-石楼褶皱带相接，向东为太行山断裂，西南以中条山山前断裂和横河断裂为界，并与豫皖断块的中条山断隆毗邻。沁水盆地南部大地构造的演化经历了太古代—早元古代的基底发展阶段、中元古代—三叠纪的发展阶段和中新生代的活化阶段。

太古代—早元古代的基底发展阶段：吕梁运动发生在早元古代的末期，该构造活动使包括盆地南部在内的整个华北地区完全拼合成一个坚硬而稳定的地块，形成了沁水盆地南部的结晶基底。

中元古代—三叠纪的沉积发展阶段：从中元古代的长城纪开始，盆地南部处于相对稳定的沉积时期，大部分为古陆，同时发育一些裂谷，形成内陆盆地。盆地南部逐步发展为秦岭古洋的大陆边缘和火山岛弧，北东方向上的上党裂谷进一步与古洋沟通形成上党海湾。长城纪中晚期，盆地南部抬升，造成上党海湾与秦岭古洋与外界隔绝形成内陆海，长城纪晚期抬升作用使其全面遭受剥蚀。直到蓟县纪早期，自北向南的海水注入盆地南部，在准平原化的基础上逐渐发展为面积广阔的陆表海。到蓟县纪晚期，陆表海的面积逐渐收缩，最终海水回到秦岭古洋，从该时期直到早寒武世，盆地南部进一步遭受持续剥蚀。震旦纪后期的晋宁构造运动，使海水从秦岭古洋向北侵入，此前长期遭受剥蚀的盆地南部又开始遭受大范围的海水侵入并由南向北超覆。此后的地质历史时期中，地壳经历多次不均衡升降运动，到奥陶世末，由于秦岭洋的关闭，整个华北地区及盆地南部抬升为陆地。中石炭世又开始遭受从北向南的海侵作用，直至晚石炭世晚期，海水才开始向南退却，并在早二叠世，由滨海平原发展为近海的冲积平原。

中新生代的活化阶段：三叠世末期的印支运动使该区动荡，地壳运动频繁，盆地南部经历了多次沉降和抬升作用。寒武纪以来形成的稳定的地貌分崩瓦解。燕山运动期间，盆地南部被分割成各种不同级别的断块，断块内普遍发育平缓开阔褶皱，仅在逆冲断裂带附近形成变形较强的褶皱。在燕山运动的后期，挤压作用逐渐衰减，出现了拗陷等基本的构造单元。从上新世开始，地壳又开始活跃，慢慢地形成了晋中、临汾和长治断陷盆地和太行山、霍山隆起，逐步发展成现今的地形地貌。

结合研究区主力煤层分层、地球化学数据等，利用 PetroMod 软件对其埋藏过程等进行模拟，可以看出沁水盆地南部太原组、山西组煤层的埋藏历史大致经历了 5 个发展阶段(图 5-6)：①从晚石炭世至早二叠世末，为地壳缓慢沉降阶段。由于沉降速度的变化，充填期、聚煤期和掩埋期交替出现。早二叠世末，15 号煤最大埋深近 300m，平均沉降速度不超过 25m/Ma。②从晚二叠世至晚三叠世末，为地壳快速沉降阶段，煤层埋深迅速增大，至该阶段末期，最大沉降幅度达 4500m。以晋城—阳城—侯马一线为沉降中心。平均沉降速度为 80～100m/Ma。晚三叠世末，晋城、阳城一带 15 号煤层最大埋深达 4800m。③早侏罗世为地层抬升剥蚀阶段。印支运动使该区整体抬升，广泛遭受剥蚀，煤层的埋深减小。至该阶段末期，地壳最大抬升幅度超过 1000m。④中侏罗世为地壳缓慢沉降阶段。燕山运动形成沁水复向斜和盆地雏形，以向斜轴部为中心，最大沉降幅度超过 400m，平均沉降速度约为 16m/Ma，比第①阶段还略低。⑤晚侏罗世至现代，以地壳抬升为主。晚侏罗世至古近纪末，整个盆地长期处于隆升状态，煤系及其上覆地层遭受严重剥蚀。喜马拉雅运动在盆地内形成了次一级的断陷盆地。局部沉积了新近系和第四系，盆地的西北部最大沉降幅度达 1000m 以上。

　　通过利用磷灰石裂变径迹和镜质体反射率，恢复了沁水盆地南部古地温演化特征，早古生代地温梯度稳定，为 3℃/100m；晚二叠世至三叠纪地温梯度较前期略有降低，约为 2.5～3.0℃/100m；早、中侏罗世地温梯度开始上升，约为 3.0～4.0℃/100m；晚侏罗世—早白垩世地温梯度大幅度上升，为 4.5～6.5℃/100m；晚白垩世至古近纪早、中期为高地温场的延续时期，地温梯度为 5.5～6.5℃/100m；古近纪晚期—新近纪早期地温梯度大幅度降低，从 6.0℃/100m 骤降至 4.2℃/100m 左右；中新世以来地温场逐渐趋于稳定，地温梯度由 4℃/100m 演变到接近现代地温场的 3℃/100m 左右(图 5-6)。

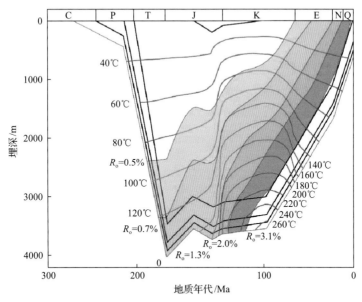

图 5-6　沁水盆地南部热演化史图

2. 煤层气相态转化过程

　　目前的研究已经证实在煤储层中煤层气的赋存相态有吸附态、游离态和水溶态，其中主要以吸附态为主，其次是游离态。对煤储层所处的环境条件而言，吸附态是其主要的赋存形式，但是在地质历史时期中，当煤层气大量生成后，由于地质条件和储层环境发生改变，导致煤层气赋存的相态也发生变化。为此，研究中利用高温高压煤吸附甲烷实验、吸附气量和游离气量计算模型对煤层气富集过程中相态的变化展开研究。

1）地质过程中吸附气量的变化

沁水盆地南部埋藏史等的分析结果表明，主力煤层均大致经历了深埋到浅埋的地质过程。在煤层气生成阶段，由于煤储层埋藏深度较大，均处于高温高压环境。物理模拟实验的结果显示，随着温度和压力的增加，煤的吸附量呈现减小的趋势，在高温高压条件下煤吸附煤层气的能力有限，吸附量小于温度和压力较低的吸附量（图5-7），吸附量减小的主要原因是受高温活化作用的控制，气体分子活动能力以及基质表面分子的活动能力增加，脱附作用明显。此时吸附态可能不再是煤层气赋存的主要方式。同时，由于煤层在深埋的生烃时期，高温高压作用导致煤储层的含水量并不能像现在那样多，即处于一个含水饱和度很低的水平，煤层气水溶态赋存形式缺少必要的介质，因此，可以推断煤层气大部分主要以游离的形式赋存在煤储层的孔隙中。根据所建立的三参数吸附定量模型的计算结果也可以看出，盆地南部主力煤储层的吸附量在地质历史时期中为逐渐增加的一个过程，在煤层气生成阶段煤储层的吸附量较低，随着抬升作用的发生，煤储层的温度和压力均降低，温度对吸附的控制变弱，压力作用逐级明显，使吸附气含量逐渐增加。

三参数吸附定量模型公式如下：

$$V = \frac{2.372e^{(-0.011T+1.243R_o)}P}{\left(2.028e^{0.012T} - 1.111e^{-0.233R_o}\right) + P} \tag{5-1}$$

式中，T 为温度，℃；R_o 为镜质体反射率，%；P 为压力，MPa。

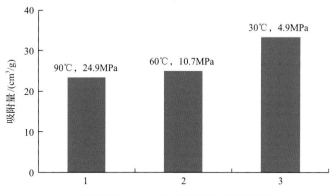

图5-7 不同温度和压力条件下煤储层吸附量的大小

2）煤储层中游离气量的变化

高温高压煤储层的吸附实验以及预测模型均证实了深部煤层吸附量较少，但是煤层生成的煤层气很多，其他部分的气体是否真是以游离态的形式赋存呢？为此研究中试图利用数值模拟的方法对地质历史时期中游离态煤层气含量进行研究。在研究过程中为了便于模型的建立，较少地考虑了水溶态赋存的煤层气，假设在高温高压条件下煤储层几乎不含水。众所周知，煤储层中微孔隙和割理系统十分发育，当煤层中的天然气满足煤储层的吸附之后，便会以游离态的形式赋存在煤储层割理和孔隙中（假设煤储层中含水饱和度很低)，并可以自由的运动。因此，可按常规天然气的方法对游离态煤层气的量进行研究。通常情况下，一定压力 P 下游离态煤层气的气体体积与孔隙度的大小相关，可认为压力 P 下游离气的体积与储层孔隙体积一致，同时受煤储层中气饱和度的控制，其数学公式为

$$V_f = \frac{1}{\rho} \phi S_g \tag{5-2}$$

式中，V_f 为压力 P 条件下游离态煤层气的体积；ρ 为煤储层密度；ϕ 为压力 P 条件下的煤储层孔隙度；S_g 为煤层中的气饱和度。

游离态煤层气服从理想条件下的气体状态方程，因此，特定压力下的游离态煤层气体积可以换算成标准状态下 (20℃，0.1MPa) 的气体体积：

$$V_{fd} = \frac{P V_f T_0 Z_0}{P_0 T Z} \tag{5-3}$$

式中，V_{fd} 为标准状态下 (20℃，0.1MPa) 游离态煤层气的体积；P_0 为标准压力；T_0、T 分别为标准状态温度和煤层温度；Z_0、Z 分别为压力为 P_0 和 P 时的气体压缩因子。

将式 (5-3) 代入到式 (5-2) 中，可得

$$V_{fd} = \frac{1}{\rho} \phi S_g \frac{P V_f T_0 Z_0}{P_0 T Z} \tag{5-4}$$

地质条件下，煤储层的孔隙度随深度的变化而变化。在计算各个地质历史时期游离态煤层气体积之前，恢复不同地质过程中煤储层孔隙度的大小，Palmer 和 Mansoori (1998) 提出了考虑应力敏感性和基质收缩效应的煤层孔隙度的变化模型：

$$\phi = \phi_0 + C_m (P - P_0) + \varepsilon \left(\frac{K}{M} - 1\right) \left(\frac{\beta P}{1 + \beta P} - \frac{\beta P_0}{1 + P_0}\right) \tag{5-5}$$

$$C_m = \frac{1}{M} - \left(\frac{K}{M} + f - 1\right) \gamma \tag{5-6}$$

式中，ϕ_0 为原始煤层孔隙度；M 为轴向约束模量；K 为体积模量，$K/M = (1+\nu)/[3(1-\nu)]$，其中，ν 为泊松比；γ 为基质压缩系数；ε 为朗缪尔应变常数；f 为分数常数；$\beta = 1/P_L$，其中 P_L 为朗缪尔压力。

将式 (5-5) 和式 (5-6) 代入式 (5-4) 中，可得游离态煤层气体积的计算公式：

$$V_{fd} = \frac{1}{\rho} \left\{ \phi_0 + \left[\frac{1}{M} - \left(\frac{K}{M} + f - 1\right) \gamma\right] (P - P_0) + \varepsilon \left(\frac{K}{M} - 1\right) \left(\frac{\beta P}{1 + \beta P} - \frac{\beta P_0}{1 + P_0}\right) \right\} S_g \frac{P V_f T_0 Z_0}{P_0 T Z} \tag{5-7}$$

3) 地质过程中吸附气与游离气的转换

利用推导的煤储层中游离气含量的计算模型，可以求得沁水盆地南部地质历史时期

中游离气量的变化。为了计算各个时期沁水盆地南部煤层游离态煤层气的体积,根据游离态煤层气体积计算公式需要取得沁水盆地南部煤层物性的各个参数(表 5-2),原始煤层孔隙度 ϕ_0、泊松比 v、轴向约束模量 M、体积模量 K 和煤储层密度 ρ 均为样品实测数据,其他参数来自 Palmer 和 Mansoori(1998)的文献中煤岩参数数据,进而进行计算求得(图 5-8)。

表 5-2 沁水盆地南部游离气体积计算模型参数表

参数名称	参数值
ϕ_0 /%	0.5
v	0.39
E/MPa	2290
K/M	0.76
M/E	2.0
f	0.5
γ	0
ε/MPa	0.001266
$\rho/(cm^3/g)$	1.75

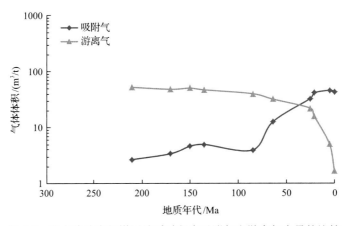

图 5-8 沁水盆地南部煤层地质过程中吸附气和游离气含量的比较

地质演化过程中,沁水盆地南部地区煤层中游离气含量的变化总体上呈稳定减小到快速减小的变化规律。在始新世以前,受温度和煤热演化程度的影响煤储层吸附能力较低,煤储层中的煤层气主要以游离态的形式赋存,并有稳定减小的趋势,该时期游离气的减小的原因与煤层吸附和天然气的散失有较大的关系。始新世以后,研究区地壳抬升,煤储层的地质条件发生了较大的变化,温度和压力均降低,天然气的活跃程度受限,导致煤层吸附天然气的能力增加,使煤层中的一部分游离态的煤层气转换为吸附态的形式赋存在煤储层,还有一部分游离气可能在地层抬升过程中散失。随着地层的继续抬升,由于地表水的渗入,造成煤储层孔隙空间大部分或者完全被地层水占据,减小了游离气的空间体积,同时煤层吸附能力的也在增加,使煤储层中游离气量进一步减少。根据物质平衡原理，减小的游离气可能向三个方向转化：吸附态、溶解态和散失。

通过对沁水南部煤层气富集过程中气体相态变化过程的数值模拟，发现中高阶煤高丰度煤层气富集区的煤层气在地质过程中可能经历了从游离态到吸附态的转变(假定为封闭体系，且散失不严重)过程，相态转变的动力是构造运动，其机制是由于构造抬升活动改变了煤储层的地质环境，一方面由于周围温度、压力场和煤储层性质的改变，致使煤储层的吸附能力变化，解吸或者吸附更多气体；另一方面由于晚期地表水的补给并占据了煤储层孔隙系统的自由体积，减小了游离气赋存的空间，这些因素的综合作用引起了煤储层中气体相态的转换，对煤层中含气量的大小产生影响。同时，由于构造作用导致保存条件遭到破坏，可能会使部分煤层气散失到其他岩性地层中，可见在煤层气由游离到吸附态的转换阶段中伴随着煤层气的散失。

3. 煤层气藏综合演化分析

中高阶煤煤层气盆地经历了多次抬升和沉降过程，早期形成的煤层气富集区也经受了改造，只有那些经过改造后较完整保留下来的富集区才是我们寻找的重点目标。对我国中高阶煤煤层气而言，大多数学者从构造演化的角度认识到构造抬升是煤层气开始经历改造的时间，但具体经历改造的过程研究尚不深入。常规油气藏成藏期确定的方法多是基于地层流体演化和圈闭形成时间确定，包括流体包裹体研究，以及利用同位素、磷灰石裂变径迹等方法测定储盖层年龄等。对中高阶煤煤层气而言，这些方法均不太适合，因为气体多为早期热成因气，气体的年龄不能代表气藏的年龄，而煤储层的形成时间并不代表煤层气富集的时间。煤层气系统由煤层气、煤和地层水共同构成，其中的煤储层共存水同样记载了煤层气富集区形成和改造的相关信息，这为煤层气富集时间的确定提供了有效手段。研究中继承前人构造演化的研究方法用以确定高丰度富集区形成和改造的最早时间，结合测定煤层水的年龄并用以确定高丰度富集区形成和改造阶段，为煤层气的富集过程的研究提供新思路。

通过对沁水盆地南部构造演化特征、沉积埋藏史和热史的分析，从石炭纪、二叠纪到晚白垩纪，这个阶段主要为大量热成因煤层气的生成阶段，为高丰度富集区的形成提供物质基础。在此阶段，煤层中的水以成岩残留水、束缚水为主，高温作用导致少量吸附气存在，煤层气主要以游离态的形式大量赋存于煤储层的孔裂隙空间中。从晚白垩世开始，由于构造抬升作用导致温压条件发生变化，使煤储层大量吸附煤层气，在有利封盖组合条件下形成高丰度富集区，同时构造抬升作用还可以使封盖条件破坏，造成原先富集的煤层气散失。根据放射性同位素计算研究区煤储层中地层水的年龄，为现今到18.5Ma，该时间表明了地表水渗入煤储层的时间范围。此阶段中，由于构造抬升和地表水的渗入，导致游离的煤层气散失。随着构造抬升的持续和地表水不断渗入煤储层中，煤储层的孔裂隙被大量渗入的地表水占据，造成游离气大量散失，同时现今大气降水的注入与古大气降水煤层气共同组成了当前的煤层水系统，现今大气降水的持续注入保持了一定的流体压力和水位稳定，形成水动力流体封闭，有利于吸附态的煤层气保存。

通过上述对沁水盆地南部中高阶煤高丰度煤层气富集区煤层气的生成、赋存和改造过程的研究，可以总结煤层气的富集过程(图 5-9)。石炭纪、二叠纪到晚白垩世，在埋深和热力等作用下热成因煤层气大量生成，此时煤层气满足煤储层自身少量的吸附后，主要以游离态赋存在煤储层的孔隙中，高丰度富集区处于滞留古水带。由于构造抬升和地表水的渗入，游离气开始散失，同时吸附气含量相对增加。持续的抬升作用使煤储层部分出露地表或者埋藏较浅容易接受地表水的补给，与古大气降水形成现在的煤层水系统，游离气散失殆尽，同时大气降水注入保压作用使吸附态煤层气保存。

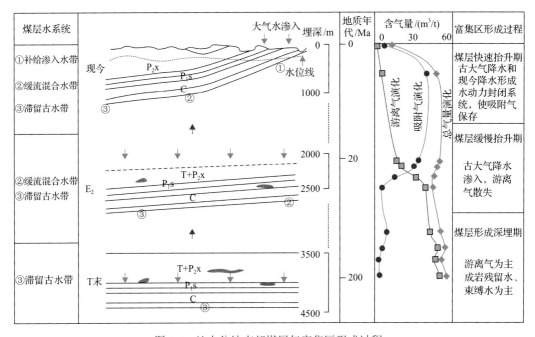

图 5-9　沁水盆地南部煤层气富集区形成过程

四、煤层气富集高产区形成模式

在地质条件下，煤层的含气量和渗透率这两个参数变化趋势往往不一致，两者优势耦合关系控制了煤层气产量，即高含气量和高渗透率叠合区控制了煤层气的富集与高产。根据国内外典型盆地煤层气地质解剖、物理模拟实验和地质数据统计，可以建立煤层渗透率与含气量耦合关系控制煤层气产量的煤层气富集区的富集模式：斜坡区含气量和渗透率优势叠合富集模式。

斜坡带是大型沉积盆地煤层气富集区的主要类型，我们可以从鄂尔多斯盆地东缘韩城地区南部的煤层气井产量与煤层含气量关系得到启示，鄂尔多斯盆地韩城富集区位于盆地东缘韩城地区的南部，处于龙亭构造带附近，为一向西倾的单斜构造，由浅部到深部依次钻 HS5、HS10、WLC08 和 HS4 井(图 5-10)，其中在浅部的 HS5 井目前没有煤层气产量，主要是由于煤储层含气量低；在深部的 HS4 井，煤层气产量仅为 66m³/d，是由于含气量和渗透率组合较差；而位于斜坡中部的 WLC08 和 HS10 井煤层气产量相对较高，最高的为 HS10 井，煤层气产量超过 1000m³/d，这两口井所处的煤层含气量和渗透率的匹配具有一定的优势。这说明，煤层气高产井多分布在斜坡区的中部，该区域煤层的地质特征均是渗透率和含气量较高且深度不是太大的地方，推测在深度方向上可能存在一个渗透率和含气量优势叠合带控制了煤层气的富集和高产。

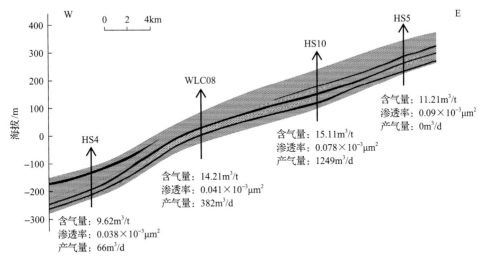

图 5-10 鄂尔多斯盆地东缘斜坡韩城煤层气富集区东西向剖面

地质条件下，随着埋藏深度的增加，含气量逐渐增加，当埋深增加到某一深度时，受温度和压力综合作用结果，含气量呈减小的趋势，而煤层的渗透率却随深度的增加呈指数下降。高丰度煤层气富集区形成于含气量和渗透率的优势耦合区域(图 5-11)，在这个平衡带内煤层气高丰度富集和高产，确定含气量和渗透率优势叠合带作用区的界限是研究缓斜坡高丰度富集区煤层气富集关键。

针对含气量和渗透率优势叠合控制富集高产区这一推断，对我国沁水盆地南部高丰度富集区的煤层气井大量的地质分析和生产数据进行统计，并进行了相应的物理模拟实验加以验证。

通过统计发现，随着深度的增加，煤层气井的产量和含气量表现为增加到减小，而煤层渗透率呈指数降低的规律。沁水盆地南部煤层气井日产量大于 1500m³/d 的主力煤层深度多分布在 200~1700m 的范围，由煤层此埋藏深度的最小值可以推测出高丰度富集所需要含气量

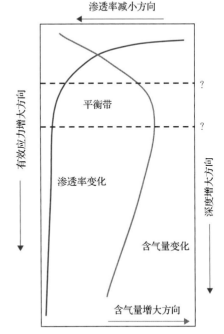

图 5-11 煤层含气量和渗透率平衡带概念模型

的下限值为 8m³/t，煤层埋深的最大值可以推出渗透率下限值为 0.2×10⁻³μm² (图 5-12)。

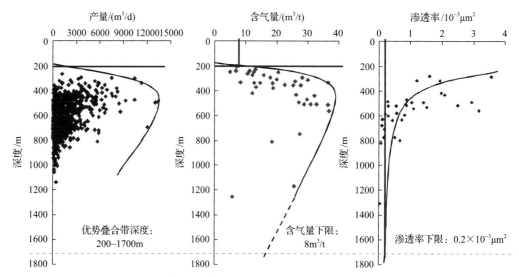

图 5-12　沁水盆地南部煤层气井产量、含气量和渗透率与深度关系

由此可见，实际地质资料统计和物理模拟实验均证明斜坡带含气量和渗透率优势叠合控制富集高产区，从而建立了含气量和渗透率优势叠合带富集地质模式(图 5-13)，含气量和渗透率耦合作用控制了斜坡区煤层气的富集高产，煤层含气量大于 $8m^3/t$、渗透率大于 $0.2\times10^{-3}\mu m^2$ 是优势叠合带的参数下限，但不同地区埋深范围有所不同。沁水盆地南部含气量和渗透率的优势带大致在 200～1700m，鄂尔多斯盆地东缘大致在 300～1800m，优势带内含气量和渗透率对煤层气富集和高产的效果达到最佳。我国沁水盆地南部樊庄地区和鄂尔多斯盆地韩城地区属于这种类型的富集区。

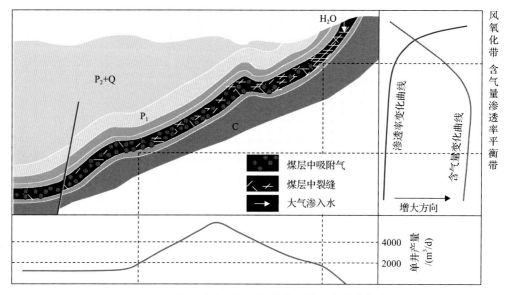

图 5-13　斜坡区含气量和渗透率优势叠合带富集模式

可以看出，煤层气高产井的分布具有一定的规律，多分布在斜坡区的中部，该区域

煤层的地质特征均是渗透率和含气量较高，且深度不是太大的地方，推测在深度方向上可能存在一个渗透率和含气量优势叠合带控制了煤层气的富集和高产。

第二节 吉林扶余油层致密油成藏机制

松辽盆地南部是指松花江以南吉林省辖区及其以南部分，区内地势平坦，气候干旱、多风，面积约 $13×10^4km^2$，其中吉林省境内面积 $7.5×10^4km^2$，有效勘探面积 $5.2×10^4km^2$，包括西部斜坡区、中央拗陷区、东南隆起区以及西南隆起区 4 个一级构造单元(图 5-14)。其中，中央拗陷区、东南隆起区进一步可以划分为 13 个二级构造单元。不同构造区构造特征具有差异性(宋立忠等，2007；侯启军，2010)。

松辽盆地南部地层由中、新生代断、拗两层组成，断陷层地层有中上侏罗统，拗陷层地层有白垩系、古近系和第四系。中上侏罗统分布在独立的近 20 个断陷中，主要为陆相含煤火山碎屑岩建造，最大厚度达 8000m；白垩系覆盖全区，为陆相碎屑夹油页岩建造，最大厚度约 5500m；古近系主要分布在盆地西部地区，为陆相碎屑岩建造；第四系广泛分布。白垩系是松辽盆地的主要地层，从下到上共分为 10 个组，包括火石岭组、沙河子组、营城组、登娄库组、泉头组、青山口组、姚家组、嫩江组、四方台组、明水组，其中登娄库组、泉头组各分为四段，青山口组分为三段，姚家组分为三段，嫩江组分为五段，明水组分为二段(柳少波等，2016)。

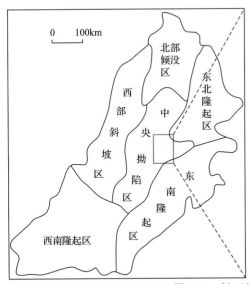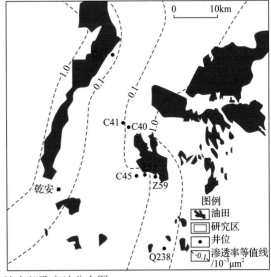

图 5-14 松辽盆地南部致密油分布图

一、成藏地质特征

松辽盆地南部泉四段总体为冲积扇-河流沉积体系，河道砂体大面积连续分布，埋深在 1400～2600m，储层物性差，孔隙度一般为 2%～15%，渗透率一般为 $0.01×10^{-3}～100×10^{-3}μm^2$，是重要的含油层段之一。上部烃源岩青山口组主要形成于深水-较深水湖相还原环境，烃源岩厚度大，有机质丰度高，母质类型好，为Ⅰ-Ⅱ₁型，大部分处于成熟阶段，成藏条件优越。

泉四段油层主要发育于中央拗陷区、让字井斜坡与隆起区，不同构造区储层渗透率有较大差异。其中中央拗陷区渗透率普遍小于 $0.1 \times 10^{-3} \mu m^2$，隆起区渗透率普遍大于 $1.0 \times 10^{-3} \mu m^2$，让字井斜坡带储层渗透率为 $0.1 \times 10^{-3} \sim 1.0 \times 10^{-3} \mu m^2$，孔隙度为 5%~12%。致密油主要发育于中央拗陷区、让字井斜坡，储层物性差是控制扶余致密油发育的主要原因。

前人通过大量资料已经证实，扶余油层油气来源于青山口组生油岩。让字井斜坡区位于中央拗陷区与扶新隆起带之间，有效烃源岩厚度为 50~70m，烃源岩条件良好。构造演化研究表明，该区构造形态于嫩江期末初具形态，于明水期末最终定型，油气运聚高峰期也分别为嫩江期末、明水期末，构造定型期与油气运聚高峰期具有良好配置关系。

该区优质烃源岩广泛发育区，青一段暗色泥岩厚度大于 40m，油气源充足，青一段暗色泥岩既为生油岩，又为优质盖层，保存条件良好。凹陷中生成的油气沿断裂垂向运移后并沿储层作侧向运移，呈现汇聚型多向运移态势，长期发育的古斜坡及古隆起是油气运聚成藏的有利场所。青一段地层沉积时，古松辽湖盆正处于急骤扩张兴盛期，整个斜坡属于半深湖沉积环境，其上连续沉积的暗色泥岩厚度可达 27~120m，生油岩体积达到 $55.9km^3$ 左右，有机碳含量为 1.50%~2.48%，总烃含量为 60.8%~62.3%，氯仿沥青"A"达到 0.134%~0.385%，烃含量为 0.081%~0.239%，生油母质以Ⅰ类腐泥型为主，是扶新隆起带乃至整个松辽盆地最好的生油层。

松辽盆地南部泉四段沉积时期，发育 5 大沉积体系和 7 条河流(英台、白城、通榆、保康、怀德、长春、榆树)，在盆地中部和北部地区形成了广泛的三角洲沉积体系。扶余油层Ⅲ、Ⅳ砂组沉积时期，中央拗陷主要受通榆、保康、怀德、长春等河流控制，为三角洲平原相带，砂体发育，砂体面积近 $1.5 \times 10^4 km^2$，砂地比一般为 45%~60%；Ⅱ砂组中央拗陷主要受通榆、保康、怀德等河流控制，表现为三角洲平原向三角洲前缘相带的过渡，砂地比一般为 30%~50%；Ⅰ砂组为三角洲前缘相带，砂地比一般为 20%~40%。总体来看，中央拗陷区砂体厚度一般为 20~60m，砂地比一般为 35%~60%。(水下)分支河道砂体来回摆动，横向上连通性较差，纵向上相互叠置，形成大面积致密储层，在中央拗陷区"满盆含砂"。盆地西南和南部物源的五支河道砂体纵向上叠加连片，导致致密储层大面积发育，储层单层厚度一般 2~8m，累计厚度 30~60m，为形成大面积致密油提供了有利储集空间。

二、物理模拟实验

致密油运聚机制与分布规律一直是致密油研究的重点和难点问题。以扶余油层为例，针对致密油微观渗流聚集机制开展研究。渗透率与成藏压力如何控制致密油含油饱和度增长是本节需要解决的科学问题。本节针对含油饱和度与渗透率、成藏压力关系，建立含油饱和度预测图版，力求解释致密油运聚机制。

1. 实验方法

针对致密砂岩岩心样品，采用渗流物理模拟实验方法。该方法可针对岩心柱体样品，依据致密油气藏实际地质条件，建立相应的物理模拟边界条件、参数，通过实验模拟油气运移过程，有效探索致密油气渗流聚集机制。实验流程为将岩心置入岩心夹持器后，加环压，通过油源持续注入流体并通过出口流量计计量出口流量，测定流体在致密砂岩中渗流与聚集特征(图 5-15)。实验样品规格要求岩心直径为 25.4mm、长度为 3~8cm。

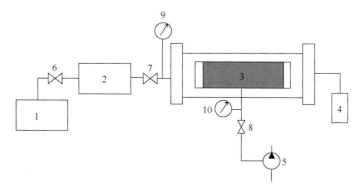

图 5-15　致密油气运聚机制物理模拟实验流程图

1-油源；2-中间容器；3-岩心夹持器；4-流量计；5-液压泵；6~8-阀门；9、10-压力表

2. 实验样品

实验用水参照 $CaCl_2$ 型地层水，其矿化度为 10g/L，常温条件下黏度约为 $1Pa\cdot s$。实验用油为煤油。为了真实模拟地下原油黏度，对实验用油与扶余油层原油的黏度随温度变化进行了实际测定，实验最低温度为常温，最高温度模拟实际油藏温度 80℃。实验结果表明，实验用油与扶余油层原油的黏度随温度变化总体一致，无较大差别(图 5-16)。当温度从常温逐渐升高至 40℃，实验用油黏度已经快速下降至 $11mPa\cdot s$，在 80℃状态下黏度值为 $4mPa\cdot s$。对该油样品的黏度指数进行计算，40℃动力黏度为 $11mPa\cdot s$，对应运动黏度 $11mm^2/s$，黏度指数 VI 为 187，表示实验用油黏度在 40~80℃条件下黏度已经较小，受温度影响不大。

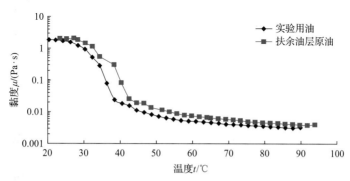

图 5-16　实验用油与原油黏度对比

实验岩心选取查 41 井、让 53 井、乾 238 井三口井共计六个岩心样品，三者渗透率有差异，数值逐渐增加，分别为 $0.02\times10^{-3}\mu m^2$、$0.04\times10^{-3}\mu m^2$、$0.20\times10^{-3}\mu m^2$、$0.50\times10^{-3}\mu m^2$、$1.20\times10^{-3}\mu m^2$、$3.00\times10^{-3}\mu m^2$，最低 $0.02\times10^{-3}\mu m^2$，最高 $3.00\times10^{-3}\mu m^2$。其

中查 41 井、让 53 井的样品渗透率主要为小于 $0.1 \times 10^{-3} \mu m^2$，乾 238 井的样品渗透率主要大于 $1 \times 10^{-3} \mu m^2$。样品深度集中在 1600～2200m（表 5-3）。

表 5-3   致密油物理模拟实验样品

编号	井名	深度/m	岩性	渗透率/$10^{-3} \mu m^2$
1	查 41	2005.1	砂岩	0.02
2	查 41	2008.0	砂岩	0.04
3	让 53	2113.7	砂岩	0.20
4	让 53	2110.2	砂岩	0.50
5	乾 238	1642.5	砂岩	1.20
6	乾 238	1602.9	砂岩	3.00

3. 实验过程与结果

实验温度设为室内常温。由零开始逐渐增加注入压力，直至出口检测到流体流出，此时保持注入压力并记录气体渗流数据；之后继续增加注入压力，并进行相应数据记录工作，最高注入压力可达 35MPa。实验压力梯度范围为 0～14MPa/cm。不同渗透率样品的实验压力梯度不同，物性越差，渗透率越低，实验压力梯度越高。对于同一样品而言，设定出口出水流量稳定后，利用称重法求取岩心含油饱和度，逐渐增加实验注入压力，即可求取不同注入压力条件下的含油饱和度数值，对不同样品重复上述过程即完成实验。需要注意的是，环压始终高于注入压力 2～3MPa，保证流体沿致密砂岩孔隙流动而不会沿着岩心与夹持器内壁发生串流，具体实验步骤如下：

(1) 称取饱和水岩心重量，放入岩心夹持器，按实验方案连接管线。

(2) 给定初始注油压力，待流量稳定后，通过计量出水量计算饱和度。

(3) 提高注油压力，重复 (2) 步骤。

同一样品共测定 10 组压力与含油饱和度数据，6 个样品共计数据点 60 个。实验结果显示渗透率、压力梯度均与含油饱和度呈正相关关系。将含油饱和度 10%、20%、30%、40% 对应的样品渗透率、压力梯度值投在散点图 5-17 上，显示相同含油饱和度曲线在渗透率、压力梯度坐标上呈现较好乘幂关系，相关系数均在 0.9 以上。样品不同含油饱和度曲线对应的渗透率、压力梯度呈现较好差异性，以渗透率为 $0.2 \times 10^{-3} \mu m^2$ 样品为例，样品含油饱和度达到 20% 时，所需要的压力梯度约为 2.1MPa/cm 左右；当含油饱和度达到 30% 时，所需要的压力梯度为 4.9MPa/cm 左右，而该渗透率的样品需要 9MPa/cm 压力梯度下才能达到 40% 的高含油饱和度。相比而言，较高渗透率储层对成藏是非常有利的。以渗透率为 $1.2 \times 10^{-3} \mu m^2$ 的样品为例，样品含油饱和度达到 20% 时，所需要的压力梯度约为 1.1MPa/cm 左右；当含油饱和度为 30% 时，所需要的压力梯度为 2MPa/cm 左右，而该渗透率样品在 3.9MPa/cm 压力梯度下就可以达到 40% 的高含油饱和度。随着渗透率进一步增加，对于样品获得 30%～40% 的含油饱和度更加有利。相同成藏压力梯度条件下，高渗透率样品的含油饱和度更高。当成藏压力梯度为 2MPa/cm 时，不论如何充注，渗透率小于 $0.04 \times 10^{-3} \mu m^2$ 的样品最终实验含油饱和度均不能超过 10%，渗透率为 $0.2 \times$

$10^{-3}\mu m^2$、$0.5\times10^{-3}\mu m^2$、$1.2\times10^{-3}\mu m^2$、$3\times10^{-3}\mu m^2$ 对应的实验含油饱和度分别为 20%、25%、30%、40%（图 5-17）。

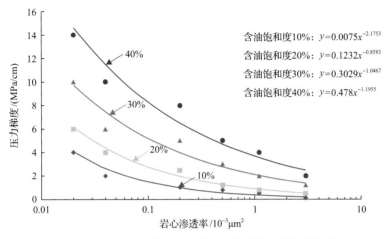

含油饱和度10%：$y=0.0075x^{-2.1753}$
含油饱和度20%：$y=0.1232x^{-0.8583}$
含油饱和度30%：$y=0.3029x^{-1.0467}$
含油饱和度40%：$y=0.478x^{-1.1955}$

图 5-17　注入压力梯度与渗透率对含油饱和度控制关系

致密砂岩储层中原油的聚集成藏过程受储层物性和原油充注动力控制，含油饱和度是成藏最终结果的体现。渗透率、压力梯度共同影响致密砂岩的含油饱和度，渗透率与压力梯度耦合关系既简单又最符合成藏最终结果。

三、致密油含油性控制因素

1. 含油饱和度控制因素

致密油二次运移与聚集过程实际上是致密油含油饱和度的增长过程。考虑二次运移过程中原油驱动水运移界面上两者界面张力差值为运移孔隙内毛细管力以及运移速度相等的等式关系，可以建立以下公式：

水界面运移速度：

$$v_1=\frac{Q}{A}=\frac{A\Delta P_1 k}{A\mu_1(L-l)}=\frac{\Delta P_1 k}{\mu_1(L-l)}=\frac{(P_1-P_{1j})k}{\mu_1(L-l)} \tag{5-8}$$

油界面运移速度：

$$v_2=\frac{Q}{A}=\frac{A\Delta P_2 k}{A\mu_2 l}=\frac{\Delta P_2 k}{\mu_2 l}=\frac{(P_2-P_{2j})k}{\mu_2 l} \tag{5-9}$$

又因为

$$v_1=v_2$$

$$P_{2j}-P_{1j}=P_c \tag{5-10}$$

$$\Delta P = P_2 - P_1$$

则

$$\frac{\left(P_1 - P_{1\mathrm{j}}\right)k}{\mu_1\left(L-l\right)} = \frac{\left(P_2 - P_{2\mathrm{j}}\right)k}{\mu_2 l} \tag{5-11}$$

$$v = \frac{\left(P_2 - P_1 - P_{\mathrm{c}}\right)k}{\mu_1\left(L-l\right) + \mu_2 l} = \frac{\mathrm{d}l}{\mathrm{d}t} \tag{5-12}$$

求积分得

$$\mu_1 L l + \frac{1}{2}l^2\left(\mu_2 - \mu_1\right) = \left(P_2 - P_1 - P_{\mathrm{c}}\right)kt \tag{5-13}$$

$$\frac{\mu_2 - \mu_1}{2}l^2 + \mu_1 L l - \left(P_2 - P_1 - P_{\mathrm{c}}\right)kt = 0 \tag{5-14}$$

当 $\mu_2 - \mu_1 \neq 0$ 且 $\left(\mu_2 L\right)^2 + 2\left(\mu_2 - \mu_1\right)\left(P_2 - P_1 - P_{\mathrm{c}}\right)kt > 0$ 时：

$$l = \frac{-\mu_1 L + \sqrt{\left(\mu_2 L\right)^2 + 2\left(\mu_2 - \mu_1\right)\left(P_2 - P_1 - P_{\mathrm{c}}\right)kt}}{\mu_2 - \mu_1} \tag{5-15}$$

$$S = \frac{Q}{V} = \frac{l}{L} = \frac{-\mu_1 L + \sqrt{\left(\mu_2 L\right)^2 + 2\left(\mu_2 - \mu_1\right)\left(P_2 - P_1 - P_{\mathrm{c}}\right)kt}}{L\left(\mu_2 - \mu_1\right)} \tag{5-16}$$

式 (5-8)～式 (5-16) 中，ΔP_1 和 ΔP_2 分别为水界面情况下和油界面情况下的进出口压差，MPa；P_1 和 P_2 分别为出口压力和进口压力，MPa；$P_{1\mathrm{j}}$ 和 $P_{2\mathrm{j}}$ 分别为油水界面处水端压力和油段压力，MPa；P_{c} 为毛细管力，MPa；v_1 和 v_2 分别为水界面运移速度和油界面运移速度；μ_1 和 μ_2 分别为水黏度和油黏度，mPa·s；l 为油水界面长度，即运移距离，m；L 为岩心长度，m；k 为岩心绝对渗透率，$10^{-3}\mu\mathrm{m}^2$；V 为岩石孔隙体积，mL；Q 为岩石注油量，mL；S 为含油饱和度，%。

含油饱和度主要受到四个方面因素控制，可以表达为

$$S = S\left(\mu, k, \Delta P, t\right) \tag{5-17}$$

其中，研究区扶余油层原油黏度差异性较小，实际地温 70～90℃ 条件下主要分布范围是 4～11mPa·s，即对该地区而言，原油黏度差异对含油饱和度的影响较小。成藏时间在地质历史上是一个非常缓慢的过程，本次研究暂不做考虑。相比而言，扶余油层致密储层非均质性强，储层渗透率分布范围很大，为 0.001×10^{-3}～$1\times10^{-3}\mu\mathrm{m}^2$。不同研究区扶余油层的压力系数的差异同样明显，压力系数分布范围为 0.8～1.3。因此主要控制因素为成藏压力与渗透率。

2. 储层微观结构对含油性的控制

国内外学者在致密储层微观结构表征方面开展了大量的有效探索性研究，目前普遍认为微纳米孔喉系统是致密油储层的主要赋存空间。有效表征致密储层微观结构，明确不同微观结构控制下含油性差异具有重要意义。核磁共振实验可以有效表征致密储层孔隙结构以及内部流体。松辽盆地南部致密储层孔隙分布预测已经开展了较好的核磁测井工作，但是在使用核磁实验信号计算孔喉半径时，由于缺乏有效实验数据支撑，常采用经验赋值方法，存在一定误差。本节基于核磁实验数据计算可靠的弛豫时间与孔喉半径的换算系数，提高了核磁共振实验精度，通过核磁实验分析储层微观结构对含油性控制作用。

孔隙中的流体，有三种不同的弛豫机制：自由弛豫、表面弛豫和扩散弛豫。因此弛豫时间 T_2 可表示为

$$\frac{1}{T_2} = \frac{1}{T_{2z}} + \frac{1}{T_{2b}} + \frac{1}{T_{2k}}$$ (5-18)

式中，T_2 为通过 CPMG 序列采集的孔隙流体的横向弛豫时间，ms；T_{2z} 为在足够大的容器中（大到容器影响可忽略不计）孔隙流体的横向弛豫时间，ms；T_{2b} 为表面弛豫引起的横向弛豫时间，ms；T_{2k} 为磁场梯度下由扩散引起的孔隙流体的横向弛豫时间，ms。

当采用短回波时间(TE)且孔隙只含饱和流体时，表面弛豫起主要作用，即 T_2 直接与孔隙尺寸呈正比：

$$\frac{1}{T_2} \approx \frac{1}{T_{2b}} = \rho_2 \left(\frac{S}{V} \right)$$ (5-19)

式中，ρ_2 为 T_2 表面弛豫率，μm/ms；$\frac{S}{V}$ 为孔隙的比表面积，1/μm。

由式(5-19)可知，T_2 分布图可以反映孔隙尺寸的分布，这就是核磁测井预测储层孔隙分布的原理所在。常规的方法假设孔隙是一个半径为 r 的圆柱，则式(5-19)可简化为

$$\frac{1}{T_2} = \rho_2 \left(\frac{2\pi r}{\pi r^2} \right) = \frac{2\rho_2}{r}$$ (5-20)

则

$$r = 2\rho_2 T_2$$ (5-21)

式中，r 为孔隙半径，nm。

这种方法存在两个明显缺陷：实际样品的孔隙模型远非简单的圆柱模型，常常存在孔喉差异；式(5-21)表明表面弛豫率 ρ_2 的计算误差会直接影响孔喉半径计算结果，导致孔隙分布与实际情况差异很大。基于此，提出引入结构因子 F_s 表征致密储层的孔喉形状，通过结构因子 F_s 的约束，削弱了表面弛豫率计算上的误差对最终孔隙分布计算结果的影响，同时考虑了核磁实验样品实际孔喉结构，式(5-20)变为

$$\frac{1}{T_2} = \rho_2\left(\frac{F_s}{r}\right) \qquad (5\text{-}22)$$

令

$$C = \rho_2 F_s \qquad (5\text{-}23)$$

则

$$r = T_2 C \qquad (5\text{-}24)$$

式中，C 为系数，ms/μm。式（5-24）表明，表面弛豫率 ρ_2 和结构因子 F_s 共同影响利用核磁弛豫时间计算致密储层的孔喉半径。

国内外学者针对 C 系数计算开展了一定研究，不同地区样品差异性很大，主要分布范围为 0.02～73.8（表 5-4）。目前松辽盆地南部白垩系致密油缺乏系数 C 的精确计算，不能够采用其他地区的经验值。

表 5-4　国内外核磁弛豫时间计算储层孔喉半径 C 系数统计

编号	地区	岩性	孔隙度/%	渗透率/$10^{-3}\mu m^2$	系数 C/(ms/μm)	文献来源
1	天然砂岩	砂岩	21.59	48.04	14.3	李海波等（2008）
2	天然砂岩	砂岩	17.22	4.36	24.7	李海波等（2008）
3	天然砂岩	砂岩	22.68	53.56	20.65	李海波等（2008）
4	天然砂岩	砂岩	22.56	11.29	73.8	李海波等（2008）
5	岩心模型	砂岩	45.7		0.45	王胜（2009）
6	岩心模型	砂岩	47.0		0.42	王胜（2009）
7	岩心模型	砂岩	45.7		0.47	王胜（2009）
8	岩心模型	砂岩	47.2		0.50	王胜（2009）
9	岩心模型	砂岩	46.4		0.48	王胜（2009）
10	岩心模型	砂岩	45.5		0.61	王胜（2009）
11	岩心模型	砂岩	45.7		0.73	王胜（2009）
12	惠民凹陷	砂岩			0.05	赵文杰（2009）
13	八区下乌尔禾组	砂岩	8.43	3.68	0.04	郑可等（2013）
14	狮子沟地区上干柴沟组	砂岩	11.35	12.36	0.02	郑可等（2013）
15	长庆延长组	砂岩	9.88	8.86	0.05	郑可等（2013）

如何精确求取系数 C 是利用核磁弛豫时间计算致密储层孔喉半径的关键。目前高压压汞技术实验注入压力可高达 200MPa，能够表征纳米级孔喉，同时其表征的孔喉均为连通孔喉，逐渐成为表征致密储层孔喉半径的一种准确手段。采用高压压汞技术对选取样品进行孔喉分布表征，获得孔喉半径与孔体积关系分布曲线。通过对同一样品核磁实验获得弛豫时间与孔喉分布曲线，设计一套算法，计算不同系数 C 下核磁计算得到的孔喉分布曲线与对应孔喉半径的压汞孔喉分布曲线的差值绝对值，选取差值最小对应 C 值作为最终求取的系数 C（图 5-18）。

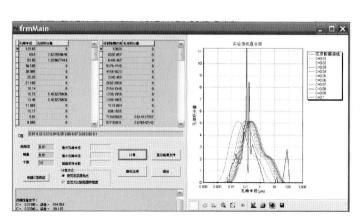

图 5-18　算法实现程序界面与计算过程

　　研究区让 59 井是一口位于水平井组区域重点取心井位,对于该区致密油研究具有重要意义。针对让 59 井样品进行了高压压汞实验与核磁实验,得到的孔喉分布曲线如图 5-19 所示。其中压汞显示样品主要孔喉分布区间为 0.01～2μm,通过对不同 C 值计算得到的孔喉分布曲线与压汞孔喉分布曲线差值计算,$C=0.035$ 时差值最小。采用直管孔喉模型状态下的表面弛豫率经验值 10μm/ms,计算曲线显示 0.01～0.05μm 部分孔喉缺失,同时 0.2～2μm 孔喉体积被动放大导致整体孔喉分布表征不准确(图 5-20)。将实验结果应用于让 59 井位的核磁录井数据。该井位主要取心井段位深度为 2010～2030m,为主要产油层段。尽管没有进行试油试采,采出岩心照片含油性主要呈现油浸、油斑或油迹。通过选取不同含油显示的样品,进行抽提法测定含油饱和度,计算了相关样品的孔喉分布差异,见图 5-21。选取的样品通过抽提法测定的含油饱和度,2126.79m、2125.84m、2119.68m 三个样品含油饱和度均小于 10%,分别为 3.7%、7.9%、10.0%;2127.13m、2103.00m 两个样品含油饱和度均介于 10%～20%,分别为 15.3%、20.0%;2037.90m、2039.40 两个样品含油饱和度介于 30%～40%,分别为 31.1%、33.9%;2040.43m、2120.10m 两个样品含油饱和度均介于 40%～50%,分别为 42.0%、47.7%。上述 9 个样品含油饱和度实验数据表明样品的含油性差异明显。

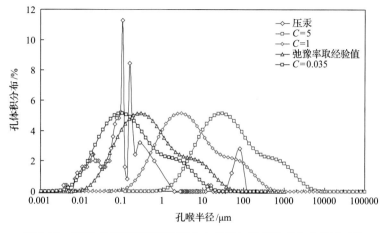

图 5-19　不同 C 值得到核磁孔喉分布曲线与压汞孔喉分布曲线对比

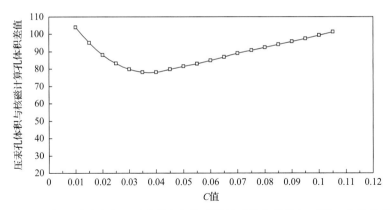

图 5-20　相同孔喉半径压汞孔体积与核磁计算孔体积差值与不同 C 值的关系

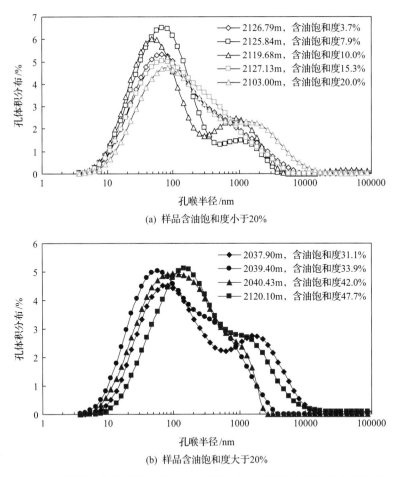

(a) 样品含油饱和度小于20%

(b) 样品含油饱和度大于20%

图 5-21　松辽盆地南部斜坡区让 59 井不同含油饱和度样品孔喉分布差异

孔喉分布上,图 5-21(a)中含油饱和度小于 10% 的样品与含油饱和度介于 10%~20% 的样品孔喉半径区间存在明显差异。含油饱和度小于 10% 的样品的孔喉分布区间主要为 10~300nm,孔喉主峰为 20~200nm。相比而言,含油饱和度介于 10%~20% 样品的孔喉分布区间主要为 20～1000nm，孔喉主峰为 20～500nm。同时，孔喉分布曲线面积差表明，含油饱和度小于 10% 的样品比含油饱和度介于 10%～20% 的样品，10～100nm 的孔喉更加发育，100～1000nm 孔喉相对不发育。含油饱和度大于 30% 样品与含油饱和度小于 20% 样品的孔喉半径区间存在明显差异。如含油饱和度介于 30%～40% 样品孔喉分布区间主要为 20～1000nm，孔喉主峰为 20～500nm。含油饱和度介于 40%～50% 样品的孔喉分布区间主要为 20～3000nm，孔喉主峰为 20～600nm。上述孔喉分布数据差异表明，致密储层孔喉分布差异性对含油性的控制作用明显，具体统计如表 5-5 所示。

表 5-5　松辽盆地南部斜坡区让 59 井致密储层孔喉分布差异性对含油性的控制作用

含油饱和度区间/%	含油饱和度/%	深度/m	主要孔喉分布区间/nm	孔喉主峰/nm
<10	3.7	2126.79	10～300	20～200
	7.9	2125.84		
	10.1	2119.68		
10～20	15.3	2127.13	20～1000	20～500
	20.0	2103.00		
30～40	31.1	2037.90	20～1000	20～500
	33.9	2039.40		
40～50	42.0	2040.43	20～3000	20～600
	44.7	2120.10		

四、倒灌成藏模式

对于松辽盆地南部扶余油层运聚机制，前人主要认为是断裂沟通青一段烃源岩与下伏储层，油气向下幕式排烃，断层两侧砂体局部富集。即油气主要沿沟通烃源岩与储层的断裂向下运移，而有效富集区则为断裂两侧砂体。即青一段生成的烃类主要沿着断层向下"倒灌成藏"，在断层两侧砂体聚集。这种"倒灌成藏机制"断层是主要的输导体系。因此青一段烃源岩的充注压力控制的含油包络线与断层是最重要的控藏因素。只有发育在青一段烃源岩的充注压力控制的含油包络线内，断层两侧的砂体才能进行有效聚集成藏。

颗粒荧光实验可以有效表征储层样品含油性。通过储层含油性分析可以明确储层含油性分布差异与控制因素，继而分析致密油的成藏机制。

以乾 223 井为例，该井 2180～2230m 深度储层样品孔隙度总体为 6%～10%，渗透率为 0.01×10^{-3}～$0.2 \times 10^{-3} \mu m^2$，属于典型的致密储层。颗粒荧光数据分析明确了青一段底部的泉四段发育两套油层，油层自底部至顶部含油性逐渐变好，厚度几十米。相比而言，2120～2180m 深度的顶部油层含油性较好，其中 2130～2160m 深度储层含油性最好，颗粒抽提物荧光指数（QGF-E）最高（图 5-22），QGF-E 值达到 500 以上。该套致密油层厚度大，约 30m 左右。油层内，靠近源岩的样品 QGF-E 值最高达 2000，随着深度不断增加，QGF-E 值逐渐降低，表明含油性逐渐降低。这种含油性特征属于典型烃类从顶部源岩向泉四段储层倒灌运移的直接证据。由于是顶部源岩向泉四段储层直接倒灌运移方式，顶部的含油性与底部含油性应该具有很大差异，而该套致密油层颗粒荧光数据有效验证了这一点，顶部 2140m 深度样品 QGF-E 值为 2000，2180m 深度样品的 QGF-E 值是 500，前者是后者的 4 倍。

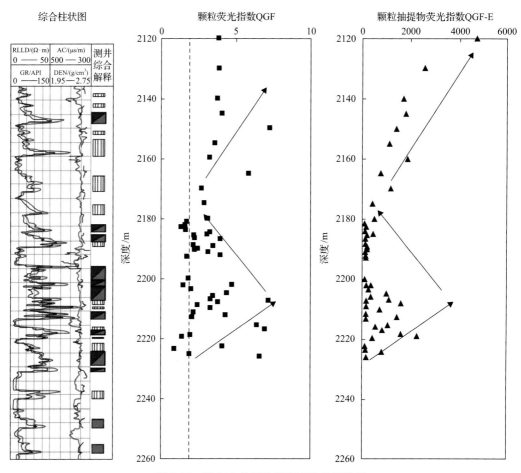

图 5-22　乾 223 井颗粒荧光实验分析数据

　　顶部油层与底部油层(深度范围 2180~2260m)之间发育厚度为 5~10m 的泥岩，该套泥岩阻隔了顶部源岩烃类充注，因此底部油层烃类无法直接通过顶部油层输导，即顶部油层(顶部源岩)向泉四段储层直接倒灌运移方式不是该套致密油层的成藏方式。通过对乾 223—让 53 井油藏剖面的分析，乾 223 井附近发育烃源岩沟通断层，这条断层沟通烃源岩，使得顶部烃类沿断层垂向运移后侧向进入 2180~2260m 深度储层，并侧向运移发生聚集。与 2120~2180m 深度范围的致密油层相比，该套致密油层厚度约 20m，厚度较小。该套油层的含油性与顶部油层有明显差异，即该套油层整体含油性较为复杂，相邻深度样品含油性差异较大，总体上呈现中间含油性较好、两侧含油性较差的规律。这种含油性特征符合侧向运移成藏方式。

综上分析，两套致密油层运移方式不同，顶部油层以顶部垂向倒灌运移为主，即顶部烃源岩向泉四段储层直接倒灌运移成藏。这种倒灌成藏机制主要受控于青一段烃源岩生烃强度与烃源岩底部砂体发育程度，包括砂体厚度与物性。因此底部烃源岩底部有效储层是致密油成藏的有利区。相比而言，底部的致密油层以侧向运移为主，即青一段生成的烃类沿着断层向下"倒灌成藏"，在断层两侧砂体聚集，这就是前人提出的这种典型的"倒灌成藏"机制。断层是主要的输导体系。青一段烃源岩的充注压力控制的含油包络线与断层是最重要的控藏因素。只有发育在青一段烃源岩的充注压力控制的含油包络线内，断层两侧的砂体才能进行有效聚集成藏。

明确了两种重要的运移方式后，不难发现储层与断层在研究区致密油成藏中发挥了重要作用。由于是源储倒置紧邻关系，在储层与顶部源岩之间没有泥岩隔层的条件下，倒灌垂向运移方式非常有效，超压驱动下可以有效排烃，并且紧邻烃源的储层含油性最好。而在储层与顶部源岩之间没有泥岩隔层的情况下，断层发挥了重要作用，可以避开泥岩隔层，将油在超压动力条件下直接从源岩输导至储层。油进入储层后以侧向运移方式为主，该运移方式不利于油水分异(图 5-23)。

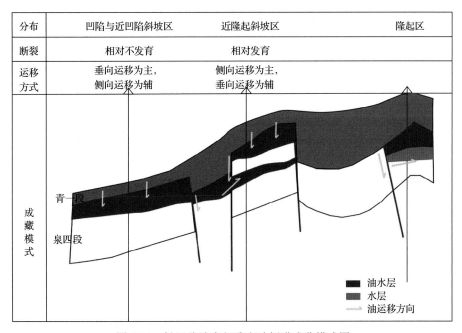

图 5-23 松辽盆地南部致密油倒灌成藏模式图

第三节 四川盆地川中须家河组致密砂岩气藏成藏机理

四川盆地是我国重要的也是最早的天然气产地。盆地内含有丰富的天然气资源，从震旦系－侏罗系的多个层系均已发现天然气探明储量。其中上三叠统须家河组经过 50 多年的勘探，在川西和川中地区发现并开发了多个气藏(图 5-24)，对天然气成藏的地质条件有较深入的认识。盆地内部受基底特征及断裂活动的控制，可划分为 6 个区块：川西前陆拗陷区、川中平缓褶皱区、川北冲断褶皱区、川东高陡构造区、川西南隆起区、川南低陡断褶区。本节研究的川中、蜀南地区在构造演化史上主要经历了加里东及早印支期的古隆起，晚印支和燕山期的前陆斜坡带，以及喜马拉雅期的整体构造抬升剥蚀过程。

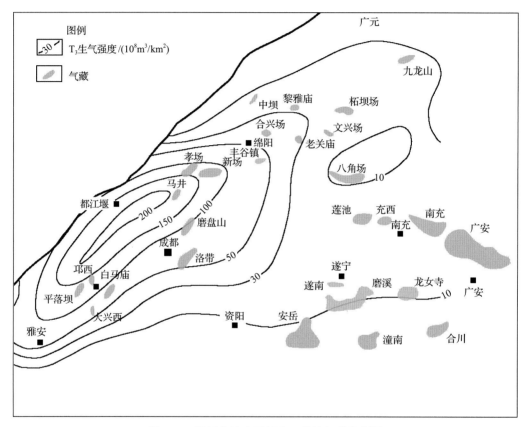

图 5-24　四川盆地中西部上三叠统气藏分布图

一、成藏地质特征

四川盆地上三叠统须家河组地层形成于印支早幕运动后，是一套以陆相为主的前陆盆地含煤层系。川西拗陷区于须家河组沉积早期发育局限海相沉积。须家河组一段、三段、五段以泥岩、煤层为主，是主要的烃源岩层段，同时也是下部储层成藏的主要盖层；须二段、须四段、须六段以砂岩为主，夹少量粉砂和泥岩，是主要的储层 (朱如凯等，2009；李伟等，2011)。

四川盆地须家河组的烃源岩以须一段、须三段、须五段为主，主要是暗色泥岩、碳质泥岩和煤层，烃源岩分布范围广，厚度大，生气强度高，泥岩累计平均厚度超过 200m，生气强度最高超过 $2 \times 10^{10} m^3/km^2$ (图 5-24)。四川盆地上三叠统须家河组油气藏主要为自生自储，以近源成藏为主要特征。

须家河的储层主要分布在须二段、须四段与须六段，以大套中细砂岩为主，局部夹粉砂岩和泥岩，属于浅水湖盆的辫状河三角洲平原和前缘沉积，以水上和水下分流河道砂岩微相沉积为主，局部地区有河口坝和分流间湾沉积。四川盆地须家河组岩石类型主要为长石砂岩、长石岩屑砂岩和长石石英砂岩。岩石的成分成熟度较高。填隙物包括杂基及胶结物两类，杂基主要由黏土矿物组成。须二段总体以岩屑长石石英砂岩、长石砂岩为主，次为长石石英砂岩和岩屑石英砂岩。须四段总体以岩屑长石石英砂岩、长石砂岩为主，次为长石石英砂岩、岩屑砂岩和岩屑石英砂岩。须六段岩屑含量较高，以岩屑砂岩、长石岩屑石英砂岩为主，岩屑石英砂岩次之。

四川盆地须家河组储层致密，气水层总体分布规律不统一，气水界限"不闭合"不明显，是典型的"连续型"气藏。构造高低部位均可产水。在四川须家河组"连续型"气藏实际勘探中，在高部位可能遇水，低部位可能产油气。研究区中合川地区的产气井位的气水产量比值具有很大的差异性，但是通过比对气、水、干层的测井曲线响应，仍然具有一定的规律。

二、物理模拟实验

对致密砂岩气而言，尽管经典渗流力学提出了达西定律存在渗流速度适用的上下限，并明确了高速非达西渗流与达西渗流的渗流规律与模式，却没有明确达西定律适用的速度下限以及低速状态下非达西渗流规律，也就是说针对致密储层达西定律不成立的低速状态并没有在经典流动分类模式图中体现[图 5-25(a)]。因此致密油气渗流规律、机制一直是有待解决的科学问题[图 5-25(b)]。

实验流程为将岩心置入岩心夹持器后，加环压，通过气源持续注入气体并通过出口流量计计量出口气体流量，测定气体在致密砂岩中渗流特征(图 5-15)。实验样品规格要求岩心直径 25.4mm，长度 3～8cm。

实验样品采用四川盆地须家河组致密砂岩岩心(直径 2.54cm)，实验气体采用氮气(常温条件下氮气黏度 0.017mPa·s，模拟实际气藏气体甲烷黏度 0.011mPa·s)。

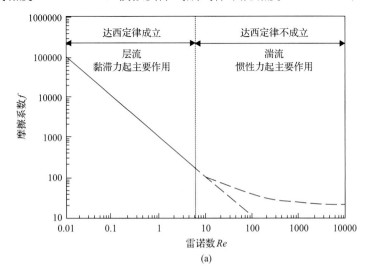

(a)

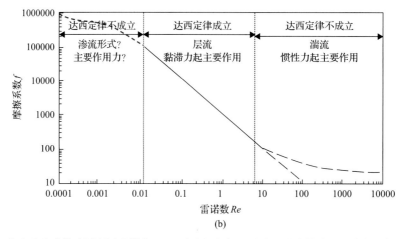

图 5-25　经典流动分类模式图(a)(孔祥言，2010)和添加低速非达西渗流的流动分类推测概念模式图(b)

　　实验温度设为室内常温。由零开始逐渐增加注气压力，直至出口出检测到气体流出，此时保持注入压力并记录气体渗流数据。之后继续增加注入压力，并进行相应数据记录工作。每个样品记录 10~15 个的渗流数据点。最高注气压力可达 10MPa。环压始终高于注入压力 2~3MPa，保证气体沿致密砂岩孔隙流动而不会沿着岩心与加持器内壁发生串流。通过上述阶梯式升压过程，即可测定在注入压力逐渐升高条件下气体逐渐进入致密砂岩的完整渗流过程规律与特征(表 5-6)。

表 5-6　四川盆地须家河组致密砂岩岩心部分样品参数表

样品号	长度/cm	直径/cm	截面积/cm^2	液测渗透率/10^{-3}μm^2
4	5.12	2.49	4.87	0.14
5	4.80	2.49	4.87	3.87
10	5.12	2.49	4.87	0.74
16	5.22	2.49	4.87	0.21
26	5.08	2.49	4.87	0.18
30	5.17	2.49	4.87	0.33
31	5.13	2.49	4.87	2.70

三、渗流机理分析

　　7 组致密气完整渗流物理模拟实验结果显示：致密气的渗流阶段并非一成不变，而是与注入压力存在相关性。首先，当注入压力较低时(压力梯度一般小于 0.8MPa/cm)，氮气在致密砂岩中的流量随着压力梯度的增加而加速增加；之后随着注入压力增加，氮气流量进入随着压力梯度的增加而减速增加阶段；当注入压力增加达到一定值后，氮气流量随着压力梯度的增加而匀速增加(图 5-26)。

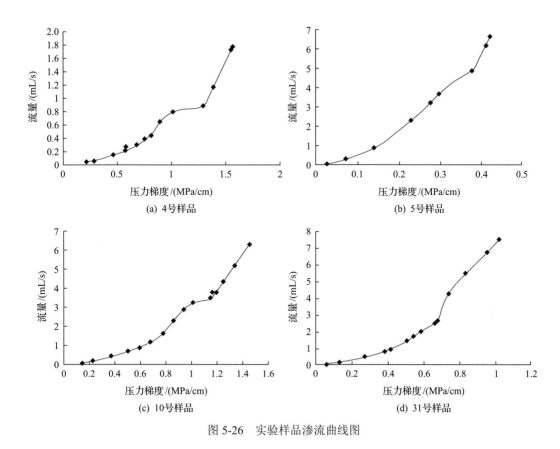

图 5-26 实验样品渗流曲线图

上述三个阶段反映在视渗透率与压力梯度的关系上也更加明显[图 5-27(a)]，根据三个阶段的流速与压力梯度变化特征，分别命名为极低速非线性渗流阶段、低速非线性渗流阶段、低速线性渗流阶段[图 5-27(b)]。

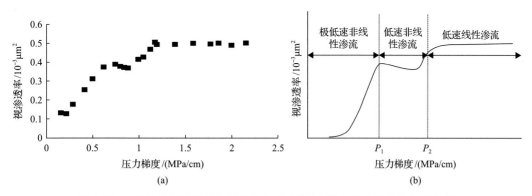

图 5-27 4 号样品视渗透率与压力梯度关系图(a)和 4 号样品渗流模式图(b)

第一个阶段，极低速非线性渗流阶段：当注入压力小于 P_1(图 5-28 中 P_1=3.8MPa，P_2=4.9MPa)时，由于速率较低，气体滑脱效应明显；由于注入压力较小，气体在注入压力作用下会首先突破大孔喉(图 5-28 中孔喉直径大于 800nm)的毛细管力，使得大孔喉逐渐参与渗流。在气体滑脱效应和大孔喉逐渐参与渗流的控制下，气体视渗透率随压力增大而增大。

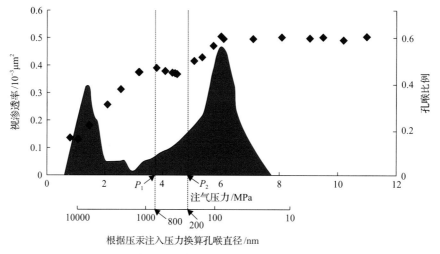

图 5-28　致密砂岩气渗流阶段划分

第二个阶段，低速非线性渗流阶段：当注入压力介于 P_1 和 P_2 之间，由于速率逐渐增加，滑脱效应变弱从而使得视渗透率降低；尽管气体在注入压力作用下突破中等孔喉的毛细管力，使得中孔喉逐渐参与渗流，但是由于致密砂岩在 P_1 和 P_2 之间孔喉分布很少（图 5-29 中孔喉直径 200～800nm），这部分孔喉对气体渗流的贡献小，因此气体视渗透率随压力增大而减小。

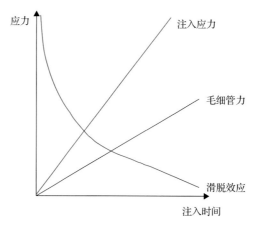

图 5-29　致密气低速渗流过程应力变化图

第三个阶段，低速线性渗流阶段：当注入压力大于 P_2，气体在注入压力作用下形成稳定渗流通道，视渗透率逐渐增大至绝对渗透率，渗流转变为线性渗流。三个渗流阶段的存在是气体在致密砂岩储层中由于注入压力增加而发生的渗流规律的变化体现，其渗流速度、渗流曲线、渗流通道、主控应力、渗流特征详细如表 5-7、图 5-29 所示。

表 5-7 致密砂岩气渗流阶段特征

参数		极低速非线性渗流阶段	低速非线性渗流阶段	低速线性渗流阶段
渗流现象	渗流速度	极低速	低速	高速
	视渗透率	随压力增大逐渐增大	随压力增大逐渐减小	随压力增大至稳定
	渗流曲线	下凹型	上凸型	直线型
渗流动力	储层控因 渗流通道	大孔喉逐渐参与渗流	中孔喉逐渐参与渗流	小孔喉逐渐参与渗流，形成稳定渗流通道
	毛细管力	小	中等	大
	流体控因 注入压力	较小	中等	较大
	其他控因 滑脱效应	强	弱	很弱
	主控应力	注入压力、滑脱效应	注入压力、毛细管力	充注压力
渗流机理		注入压力很小，大孔喉逐渐参与渗流，滑脱效应明显，视渗透率随压力增大而逐渐增大	随注入压力增大，滑脱效应变弱，中等孔喉数量少，对渗流贡献小，视渗透率随压力增大而逐渐增大	随注入压力进一步加大，形成稳定渗流通道，进出口压差稳定，渗流转变为线性渗流
渗流图示				

致密砂岩气渗流规律所呈现的渗流曲线是致密储层结构与注入压力的共同作用结果，因此图 5-30(a)这种先下凹再上凸最后直线的复合型渗流曲线存在并不是绝对的，而是与致密储层结构与注入压力相关的。如果致密储层结构发生变化(致密砂岩在 $P_1 \sim P_2$ 所对应的孔喉分布数量具有一定优势)，那么该孔喉段对气体渗流的贡献具有明显作用，此时 $P_1 \sim P_2$ 之间的渗流曲线将由上凸变为下凹，整体的渗流曲线即为下凹型。如果致密砂岩在 P_1 之前所对应的孔喉分布数量极少，那么这部分孔喉对气体渗流的贡献很微弱，此时 $0 \sim P_2$ 之间的渗流曲线将会简化为一个上凸型。如果致密砂岩在 P_2 之前所对应的孔喉分布数量极少，致密储层的孔喉分布主要为大孔喉，那么储层最终渗流曲线为直线型非达西曲线(图 5-30)。

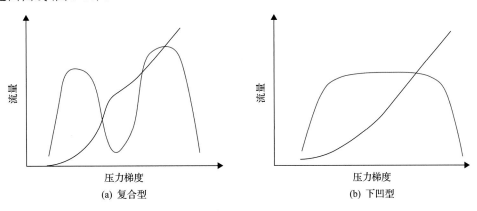

(a) 复合型   (b) 下凹型

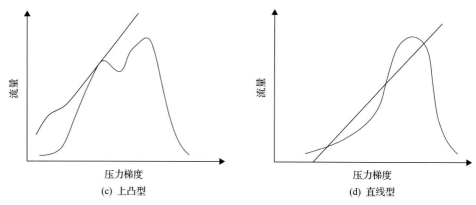

图 5-30　四种致密砂岩气渗流曲线模式

红色曲线为对应致密储层孔喉分布曲线

四川须家河组致密砂岩渗流物理模拟实验表明，致密储层结构与注入压力是致密砂岩气渗流的两个关键控制因素。在常温条件下，通过阶梯式升压过程，致密砂岩孔喉由大到小逐渐参与气体渗流，渗透率随压力增大而先增大后减小，最后增大并稳定至绝对渗透率。在致密砂岩气的完整渗流过程中，滑脱效应、毛细管力、注入压力分别控制呈现极低速非线性渗流阶段、低速非线性渗流阶段、低速线性渗流阶段三个渗流阶段。致密储层结构控制了渗流曲线的模式，小孔-大孔型、小孔-中孔-大孔型、中孔-大孔型、大孔型分别对应复合型、下凹型、上凸型、直线型四种渗流曲线模式。

四、分布规律及有利区预测

川中、蜀南地区须一段泥岩、煤层大面积连续发育，西北部地区以及蜀南荷包场地区厚度较大，基本在 35m 之上。龙女寺、广安、合川地区较薄，一般小于 35m，但局部地区较为发育。须一段大面积分布的泥岩为须二段成藏提供了充足的烃源与成藏动力。合川、潼南地区的须一段泥岩在白垩纪末发生剥蚀，不过须二段内部同样发育一定规模的泥岩，厚度在 5～20m 左右。须二段内部泥岩的发育为合川、潼南地区的气藏提供了一定气源。

总体来说，须二段砂岩在四川盆地川中、蜀南地区发育面积最大，产气性最好。孔隙度大于 8%的优势储层在川中遂宁、磨溪地区发育最厚，厚度大于 20m。另外孔隙度大于 8%的优势储层在主要气田的发育厚度均在 10m 之上。合川、潼南、安岳地区孔隙度大于 8%的优势储层平均厚度为 10～15m。

源储压差成藏动力方面，川中、蜀南地区的源储压差平均值在 2.5MPa。其中，川中遂宁、磨溪、龙女寺、川中-川南过渡带安岳以及蜀南荷包场的源储压差均在 4MPa 以上。对潼南、广安两个地区的须二段压汞实验的门限压力进行统计，发现门限压力平均值在 3.5MPa 左右，所以须二段主力气藏的源储压差均可以提供充足的成藏动力。

因此，须二段在川中北地区气源充足，优势储层发育面积大，源储压差大，成藏动力充足，是典型的"连续型"大气区分布区域。相比而言，川中-川南过渡带合川、潼南、安岳地区同样具有充足的须二段内部的泥岩气源，孔隙度大于 8%的优势储层厚度均在

10m 以上，源储压差均在 4MPa 以上，而且需要提出的是川中-川南过渡带整体构造平缓，气水分异差，构造高点的天然气运移不集中，裂缝不发育，岩性控制明显，源储薄层交互分布，排烃效率高，因此川中-川南过渡带须二段是非常有利的"连续型"气藏成藏地层(图 5-31)。

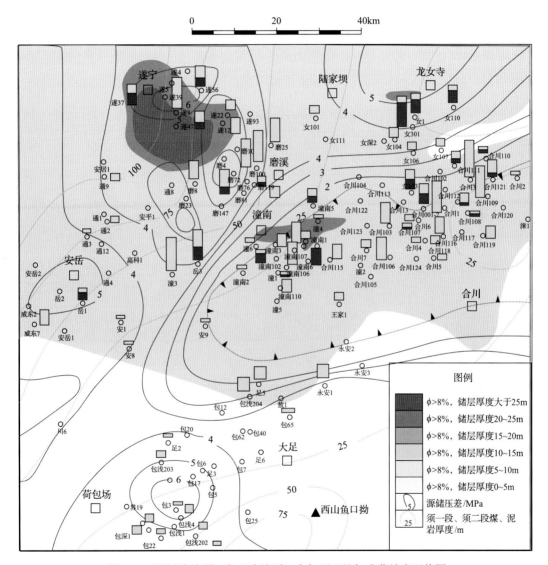

图 5-31 四川盆地须二段"连续型"大气区天然气成藏综合评价图

川中、蜀南地区须三段泥岩、煤层连续发育，分布面积广，在川中北部八角场、川中充西、广安、龙女寺、蜀南荷包场厚度最大，基本在 50m 以上，相比而言，川中-川南过渡带地区较薄。目前发现的八角场、充西、广安等地区的须四段气藏离不开须三段充足的烃源。

须四段储层、优势储层厚度整体较大，50%面积的优势储层厚度超过 20m，呈西厚东薄趋势。八角场、安岳、荷包场地区的优势储层厚度发育最大，产气性好，孔隙度大于8%的优势储层厚度大于30m。

源储压差成藏动力方面，川中、蜀南地区的须三段、须四段源储压差平均值在3MPa。其中，川中遂宁、磨溪、安岳、荷包场源储压差均在4MPa以上，说明须四段主力气藏的源储压差均可以提供充足的成藏动力。另外，广安、充西地区、八角场地区发育的两期喜马拉雅期断裂是天然气运移的重要通道，对气水高产控制明显。

总体来说，川中北部八角场、川中充西、广安、龙女寺、蜀南荷包场须四段储层是"连续型"气藏天然气富集高产的有利层段(图5-32)。

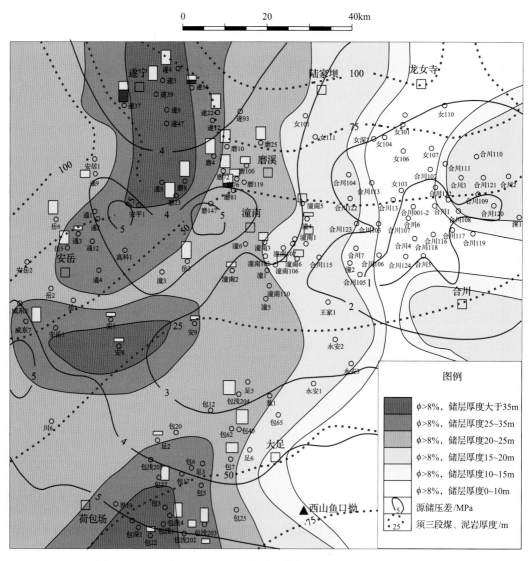

图5-32 四川盆地须四段"连续型"大气区天然气成藏综合评价图

相比须一段、须三段，川中、蜀南地区须五段泥岩、煤层更为发育，分布面积更广，平均厚度 50m，气源非常丰富。其中，川中遂宁、广安、蜀南荷包场地区的发育厚度最大，气源最为丰富。

　　研究区须六段储层主要分布在川中东北与蜀南地区，其中厚度大于 20m 且孔隙度大于 8%的优势储层集中在遂宁、广安与蜀南地区。相对须二段、须四段而言，须六段储层总体物性相对差，缺乏有效的运移通道，成藏效率低。

　　源储压差成藏动力方面，川中、蜀南地区的须五段、须六段源储压差平均值为 2.5MPa。其中，川中北部、川中广安、蜀南荷包场源储压差均在 3MPa 以上，与须二段、须四段相比，源储压差较小。因此须六段目前发现的主力气藏范围有限，主要是广安与蜀南地区(图 5-33)。

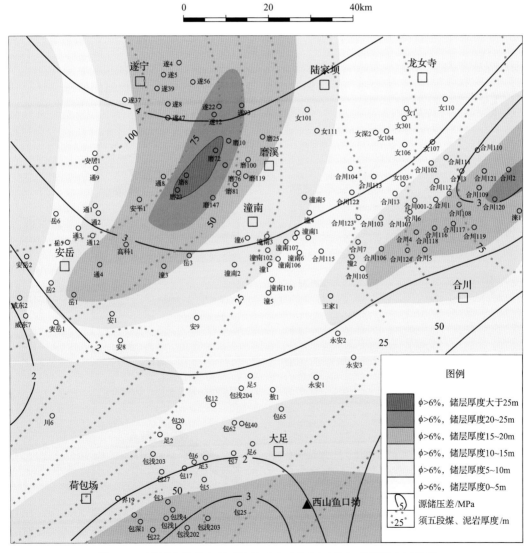

图 5-33　四川盆地须六段"连续型"大气区天然气成藏综合评价图

第四节　前陆冲断带构造变形过程中断-盖组合控藏机制

中西部前陆冲断带构造多期活动、断裂十分发育，因此，油气藏的形成与保存除了与规模烃源岩密切相关外，断裂和盖层是控制圈闭有效成藏的关键因素：一方面断层活动沟通油源，成为油气运移的通道；另一方面盖层垂向封闭控制油气聚集。因此，断裂与盖层组合(以下简称断-盖组合)类型及其时空演化控制了前陆冲断带油气成藏过程和圈闭有效成藏。

一、构造挤压过程中断-盖组合类型

综合不同岩性盖层构造应力应变特性和中西部前陆冲断带构造应力及其逆冲断裂发育演化特征，确认不同岩性盖层封闭的关键是其所处的脆塑变形域和盆地区域构造应力，由此提出了两类六种断-盖组合类型(图 5-34)。其中，第一类为断-盐组合，是指断裂和膏盐岩为主盖层的组合类型，分为断穿型、隔断型、未穿型，在我国的库车、塔西南前陆盆地发育这种组合类型，由盐上、盐下储盖组合为主；第二类为断-泥组合，

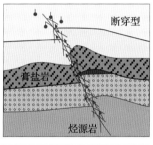

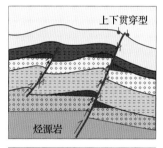

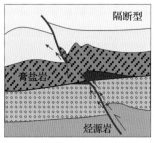

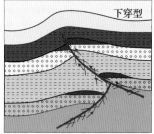

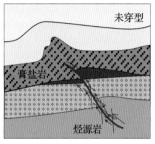

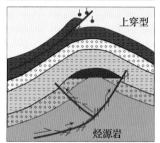

(a) 断-盐组合类型(盐上、下储盖组合)　　(b) 断-泥组合类型(多储盖组合)

图 5-34　中西部前陆冲断带断-盖组合类型示意图

是指断裂与泥岩为主盖层的组合类型，分为上下贯穿型、下穿型和上穿型，该组合具有多储盖组合特征，在准噶尔准南、西北缘前陆盆地和柴达木柴西复杂构造区发育这类组合。

断-盐组合：①断穿型。当膏盐岩盖层埋藏小于 3000m，主要处于脆性变形域时，快速强挤压作用下，逆冲断裂可断穿盖层，盖层垂向不封闭，油气向上散失或运移，此时只有完整背斜圈闭才能成藏，主要分布在库车前陆冲断带北部单斜带或克拉区带，如克拉 5、克拉 1 构造。②隔断型。当膏盐岩盖层埋藏深度超过 3000m 时，盐岩层塑性增强，使盖层段原有断裂消失，断裂被分为盐下和盐上两段，形成隔断型断-盐组合，这样盐上层圈闭可聚集早期的油气藏，盐下层圈闭早期聚集的油气多数被破坏，捕获了晚期油气成藏。隔断封闭有效时期取决于盖层的埋深，充注规模受断裂侧向封闭能力控制，如大宛齐油田和大北气田、克拉 2 气田。③未穿型。后期发育的逆断裂顶部在塑性膏盐岩层段内消失，断裂无法穿过盖层，形成未穿型断-盐组合，盖层下圈闭聚集晚期油气而成藏，如克深 2 气藏。这类断-盖组合最有利于油气，特别是晚期天然气的聚集，即使是断块圈闭也能成藏，圈闭成藏规模取决于断裂侧向封闭能力。

断-泥组合：①上下贯穿型。断裂自烃源岩向上穿切多个储盖组合，甚至断至地表，自上而下，泥岩盖层多处于脆性或半塑性变形域，构造作用下断裂活动输导油气向上运移，上部断裂断距较小、泥岩盖层没有完全错断，具有一定的封闭能力；下部断裂带往往发育泥岩涂抹或泥岩对接封闭，垂向上形成多个成藏系统，下部成藏条件优于上部。如柴达木狮子沟-油砂山含油构造带。②下穿型。断裂向下切穿烃源岩、储盖组合，向上没有断穿主要区域盖层，如准噶尔西北缘乌-夏富油构造带。这类断-泥组合油气成藏最有利。③上穿型。断裂向上断穿泥岩盖层至地表，如准噶尔南缘霍-玛-吐构造带浅部，这类组合较难成藏，地表发育油气苗。

二、克拉苏构造带断-盐组合控藏机制

库车前陆盆地位于塔里木盆地的北部、南天山的山前，由北部单斜带、克拉苏构造带、依奇克里克构造带、秋里塔格构造带、南部斜坡隆起带和乌什凹陷、拜城凹陷和阳霞凹陷五个正向构造单元和三个凹陷组成。

克拉苏构造带是库车前陆冲断带的主体构造，主力盖层为古近系库姆格列木群膏盐岩层。古近系膏盐岩分布广泛，覆盖了库车前陆盆地大部分区带，主要分布在克拉苏构造带、拜城凹陷带、秋里塔格构造带、依奇克里克构造带和阳霞凹陷，南部斜坡-隆起带局部也有分布。

受膏盐岩盖层脆、塑性转换控制，造成断-盐组合类型在时间上和空间上发生有规律的变化。在空间上，从山前带到前渊带，膏盐岩埋深由浅变深，断-盐组合类型也从断穿型逐渐过渡到隔断型、未穿型；在时间上，由于早期浅埋后期深埋，在山前带和冲断带北侧，早期发育断穿型断-盐组合，油气沿断裂发生逸散，后期由于埋深增大超过盐岩脆塑性转换深度 3000m 而演变为隔断型断-盐组合，断-盐组合重新封闭，有利于晚期油气的保存。

断-盐组合及其封闭性时空演化与构造圈闭形态时间、烃源岩大量生排烃时间有效匹配，决定了克拉苏构造带的油气多期动态成藏过程。通过对克拉苏构造带克拉 2 气田、大北气田、克拉 3 气田等的成藏解剖表明，油气充注大致都可分为三期，即两期油和一期气，油、气不同源、不同期，晚期煤成气对圈闭中早期原油进行了一定程度的气洗改造。而对克深区带克深 2、克深 5 等气藏的成藏解剖表明，在克深区带仅有晚期气的充注，这是因为克深区带逆冲叠瓦构造形成晚，圈闭形成期晚。下面重点阐明克拉苏构造带克拉 2 气田、大北气田、克拉 3 气田等的多期动态成藏过程，以揭示膏盐岩脆塑性转换控制下的断-盖组合时空演化对克拉苏构造带油气聚集和分布的控制作用。

1. 早期原油充注的证据

不同成熟度、不同组成的油气先后充注储层中往往形成一定程度的油气分异，储层中可观察到固体沥青。事实确实如此，无论是岩心样品，还是岩石薄片，均见到固态沥青，这正是早期原油充注的有力证据。

克拉 203 井 3600.0～3607.5m 古近系库姆格列木群灰色泥晶云岩和灰色生屑云岩中见到少量黑色干沥青。克拉 201 井 4019m 水层岩石光薄片中观察到了孔隙沥青，发褐色荧光，表明沥青成熟度相对较低，为胶质沥青，与原油裂解焦沥青的形态、分布和荧光特征明显不同。通过克拉 2 气藏岩石样品流体包裹体观察，在石英微裂缝、石英加大边内缘缝、碳酸盐胶结物和颗粒缝隙中均发现了油包裹体和沥青包裹体，沥青发褐色荧光。大北 202 井 5719.5m 岩心薄片中见到沥青沿裂缝分布，发黄褐色荧光。

针对克拉201井3979.8m岩心中充填的白色脉体，钻取4mm直径的小岩心柱(图5-35)，通过场发射扫描电子显微镜，在纳米孔洞中发现大量灰黑色残余油[图5-36(a)]，在白云石交代方解石的残余孔洞中观察到黑色沥青[图5-36(b)]。

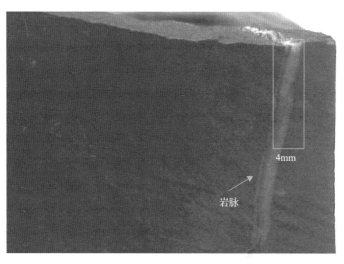

图 5-35　克拉 201 井 3979.8m 含脉体的岩心(图中方块处为 4mm 直径的岩心柱位置)

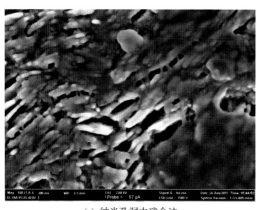
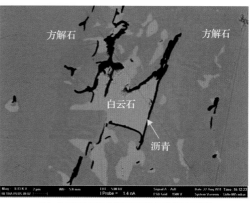

(a) 纳米孔洞中残余油 　　　　(b) 白云石交代方解石的残余孔洞中沥青

图 5-36　克拉 201 井 3979.8m 岩心场发射扫描电子显微镜微观图像

鉴于大北 202 井 5719.5m 岩心裂缝沥青较少，为了测定储层中沥青的反射率，采用"盐酸、氢氟酸、重液分选"干酪根提取的方法，溶蚀矿物，浓缩沥青，然后做成压光片，用分光光度计测量。共测到两组反射率数据，分别为 0.47%、1.07%，从而反映出该区至少经历了三期不同成分、不同成熟度的油气充注。

在克拉 201 井 3600～4030m 的取心井段内系统采集了 16 块岩石样品，其中，气水界面 3935m 之上样品 9 块，气水过渡带 3935～3940m 样品 2 块，水层 3940m 之下样品 5 块。岩石样品定量颗粒荧光分析表明(图 5-37)，克拉 2 气田存在大量油充注，大约在 3650m 处，QGF-E 和 QGF 指数突然变小，反映了古油层的顶点，其下随着深度减小，QGF-E 和 QGF 指数逐渐增加，在 3970m 处明显增大，无论是储层岩石 QGF-E 荧光光谱强度，还是 QGF 指数，均表明在埋深 3980m 以上具有古油藏特征，QGF-E 大于 50，QGF 指数几乎都大于 4，即使是现今的气水过渡带和水层；3980m 以下两参数值迅速下降。因此，3980m 是克拉 2 古油藏的古油水界面，估计油柱高度超过 300m。早期充注的油晚期遭受破坏之后，天然气充注到储层中，现今解释的气水界面深度大约在 3940m 处。

同样，利用储层颗粒荧光定量分析技术，证实大北 101 气藏、克拉 3 盐下巴什基奇克组水层均曾存在古油层。

2. 原油气洗改造与散失

在相同温压条件下，低碳数饱和烃更易溶于气相中，而高碳数烃类和芳香烃则残留在油相中，随轻质油或甲烷气的持续运移而产生所谓的"气洗"分馏作用，导致原油中正烷烃(尤其是低碳数正烷烃)质量分数降低，而芳香烃、高相对分子质量的石蜡及其他高相对分子质量的化合物质量分数均增大。

使用安捷伦 GC6890 气相色谱仪分析原油轻烃色谱特征，采用色谱柱：PONA 石英毛细管色谱柱 50m，内径 0.20mm；检测器：氢火焰离子化检测器，220℃；汽化室：320℃；柱温：35～310℃；升温速率：3.5℃/min；氢气流速：40mL/min；空气流速：400mL/min；分流流速：100mL/min。

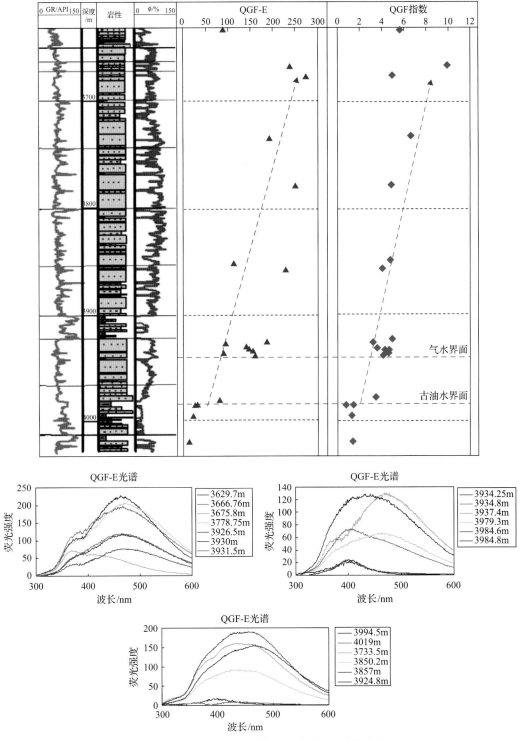

图 5-37　克拉 201 井颗粒荧光参数随深度变化特征

全油轻烃气相色谱分析表明，克拉苏构造带凝析油轻烃均具有异常丰度的苯、甲苯含量，正己烷、正庚烷等正构烷烃含量相对较低(图 5-38)，原油中低碳数正构烷烃含量有不同程度的下降，其损失量随气洗程度的增强而增大，且峰值拐点逐渐转向高碳数的正构烷烃(图 5-39)，此为原油气洗改造的佐证。

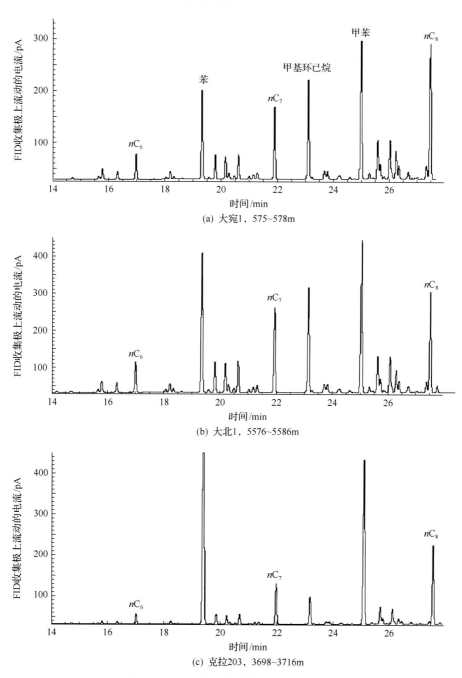

图 5-38 克拉苏构造带凝析油轻烃色谱图

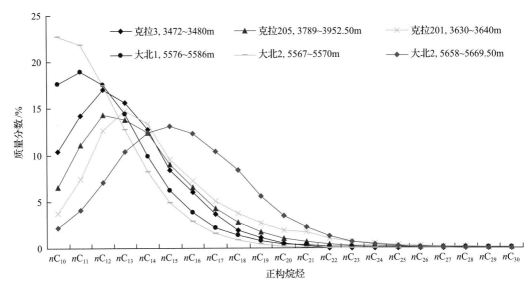

图 5-39　克拉苏构造带凝析油正构烷烃分布图

原油气洗的另一显著特征是富含高分子质量的正构烷烃,凝析油含蜡量为 6.07%～12.82%,属于中蜡油(表 5-8)。

表 5-8　克拉苏构造带凝析油含蜡量统计

井名	层位	井段/m	含蜡量/%
大北 1	K_1bs	5552～5562	7.97
大北 101	K_1bs	5725～5783	9.06
大北 2	K_1bs	5559～5593	6.07
大北 201	K_1bs	5932.45～6112.5	12.24
克拉 201	E	3600～3607	12.82
克拉 201	K_1bs	3665～3695	9.27

古原油受后期煤成气的气洗之后,物性好的储层中或裂缝中往往容易形成固体沥青,如大北 202 井巴什基奇克组砂岩,镜下发现矿物颗粒周围发浅蓝色荧光,沥青分布在砂岩微裂缝中,透射光下为黑色,荧光为棕色-黑色,呈现胶质沥青特征。

综上表明克拉苏构造带凝析油曾遭受过强烈气洗分馏作用的改造,现今的凝析油是改造后的残余油。

3. 晚期天然气聚集

库车前陆冲断带油气充注为早油、晚气,成藏期分为三期,即康村期、库车期和第四纪西域期,其中库车末期以来煤成气大量生成,与该时期构造快速挤压、冲断带盐下大规模构造圈闭形成期相吻合,也就是说,冲断带盐下晚期天然气汇聚成藏期主要为 2Ma 以来。

克拉苏构造带刻度区研究认为,克拉苏构造带天然气资源量为 $4.26 \times 10^{12} m^3$,2Ma 以来烃源岩生气量为 $24 \times 10^{12} m^3$。因为克拉苏构造带晚期膏盐岩盖层塑性封闭性强,天然气沿众多气源断裂高效强充注，这里假设天然气运聚系数高达 10%，则 2Ma 以来汇聚的天然气资源量为 $2.40×10^{12}m^3$，目前克拉苏构造带累计探明天然气储量为 $6.738×10^{11}m^3$（三级储量折算）。对比克拉苏构造带天然气资源量、2Ma 以来汇聚量和已探明储量，因为克拉苏构造带尚有包括潜力巨大的博孜段、阿瓦特段、克深区带等大量待钻圈闭，将来天然气探明储量会大大提高，由此评估的刻度区资源量还会更高，则刻度区天然气资源量与 2Ma 以来汇聚资源量差距将更大，而目前二者相差近 2 倍，那么如此规模的天然气除了烃源岩层外，其他的气源来自何处呢？作者认为，冲断带深部烃源岩层内存在含气的致密砂岩层，该砂层优先聚气，晚期气源断裂在沟通烃源岩的同时，也沟通了烃源岩层内的含气致密砂岩层，使得两种来源的天然气沿断裂共同构成高效充注。

除了基于上述天然气来源与汇聚差额的推论外，以下提出两点证据：其一，根据野外剖面的观察，三叠系和侏罗系烃源岩层内确有大量的砂岩层发育。从库车前陆盆地烃源岩层侏罗系、三叠系本身地层结构来看，最大的特点是砂泥互层(砂比例 40%，泥比例 60%左右)，砂层紧邻烃源岩层，具有优先聚气的特征，烃源岩生成的天然气在源储压差驱动下，不断地向临近的砂岩夹层中运移，成为深部有利的"储气层"。其二，库车前陆盆地东部已在紧邻烃源岩的砂岩层内发现了油气。依奇克里克构造带的依南 2 气田产气层即为侏罗系阿合组砂岩。迪西 1 井也在侏罗系阿合组获得了重大突破。

因此，晚期断裂沟通了两种气源，即深部烃源岩层和源内致密气层，源岩层与致密气层中的大量天然气向上部盐下储层中运移聚集，充注强度大，易在晚期形成大规模气藏。

4. 克拉、大北地区油气动态成藏过程

综合构造演化、断-盖组合时空演化、烃源岩生排烃期以及典型油气藏解剖的论述，分析了克拉、大北地区油气动态成藏过程。

1)克拉地区早油破坏、晚期阶段聚气成藏过程

克拉 2 气田位于克拉苏构造带东段，是在双重构造背景下形成的一个背斜褶皱。克拉地区储层流体成分分析、岩石薄片观察、包裹体荧光分析、扫描电镜和颗粒荧光分析结果均表明，克拉地区存在两期油和一期天然气充注。第一期油包裹体荧光颜色为黄色，反映油的成熟度比较低；第二期油包裹体荧光颜色为蓝白色，说明油的成熟度比较高。包裹体显微测温结果显示第二期油充注的时间距今 6～5Ma，为康村组沉积末期。由于第一期油充注时间比第二期油充注早，因此充注时间应该在康村组沉积末期之前。晚期的天然气的充注时间在距今大约为 2～0Ma，属于第四纪地层遭受抬升剥蚀时期。

克拉地区构造演化模式为挤压前展式，克拉圈闭发育早、定型晚，克深圈闭形成晚，该区断裂走向多为近东西向，断距大，晚期克深构造形成过程中使克拉圈闭抬升幅度增高，早期古油藏被破坏。

结合构造演化和流体演化特征，总结克拉地区油气成藏过程如图 5-40 所示。在库车组沉积之前，由于天山的隆升可能对克拉 2 地区产生一定的挤压效果，但这种挤压效果可能不是很强烈，流体包裹体没有记录由构造挤压作用形成的超压痕迹，但挤压使克拉 2 地区发育逆断层沟通油源与储层，第一期油便充注到储层中。从目前克拉 2 地区油气产出情况推断，第一期油充注强度和规模可能都不是很大，因为目前还没在克拉 2 地区

发现相对比较低成熟度的正常原油，克拉 2 圈闭幅度也小，加之此时盆地单斜构造决定原油主要向南斜坡运移。

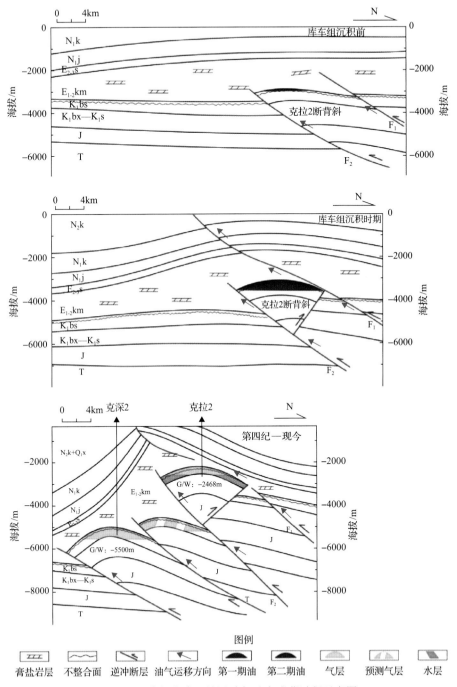

图 5-40　克拉和克深地区油气动态成藏过程示意图

G/W 表示气水界面

在库车组沉积早期，强烈的构造挤压作用导致储层流体压力增加，克拉 2 断背斜幅度增大，与现今构造特征更为接近。构造挤压并导致断层强烈活动，沟通油源与储层，使得第二期油充注到储层中。第二期油充注强度和规模可能都比较大，颗粒荧光分析表明在克拉201井存在超过300m的古油柱。但随着构造挤压的增强，穿盐盖层断裂形成，油气在聚集的过程中早期原油大量散失，现今储层只残留少部分原油。

库车组沉积中晚期，地层快速沉降。储层在库车组沉积之前埋藏深度不到4000m，到库车组沉积末期埋藏深度超过6000m。活动的断层沟通了气源和储层，膏盐岩盖层进入塑性封闭阶段，穿盐断裂于盖层段消亡，大量天然气充注到储层。

3Ma以来，随着盐下前展式构造的演化，后期克深断片逐渐形成，克拉2断块被不断被抬高，浅部地层被剥蚀，剥蚀量达到2000m，圈闭上部断裂再次活动，天然气充注导致早期油气从圈闭的溢出点被驱替，沿断裂向上散失，克拉2气藏边聚边散，为动态晚期聚气成藏。

地层剥蚀与盐上断裂活动导致油气散失可由浅部甚至地表水下渗所证实，上部大气水或浅部地层水沿断裂向下进入圈闭储层，克拉和克深区储层普遍发生长石溶蚀现象。流体包裹体古盐度降低的演化趋势和现今地层水盐度较低(相对于大北地区)的特征也是有力的佐证。

克深地区位于克拉地区南部，构造上属于克拉地区逆冲推覆体下盘，储层埋藏深度大。由于克深断片形成较晚，圈闭白垩系砂岩储层只接受了较晚期的油气充注，以晚期高-过成熟的天然气为主，可能含极少量高成熟原油，天然气的充注时间是大约为3～0Ma，和克拉地区相当。储层岩石薄片中天然气包裹体相对比较发育。因此，结合构造演化和流体演化特征，认为在库车期中期之前，在克拉2地区充注了第一期油，但在克深地区没有油充注。主要是天山的隆升挤压效应尚未传递到克深地区，因此没有发育气源断层和圈闭，因此油气不能在克深地区汇聚，流体包裹体盐度演化特征也表明在该阶段没有新的流体注入。库车晚期以来(3Ma以来)，天山的隆升导致构造挤压作用增强，这种挤压效果作用在克深地区地层发生一定的褶皱，圈闭幅度不断增大，并形成气源断层，沟通了气源和储层，天然气充注到储层中，形成了现今的天然气藏。同时，储层流体压力增加，这种由构造挤压作用产生的超压和新流体注入均被包裹体所记录。

2) 大北地区早油调整、晚期气侵油气聚集过程

大北气田和大宛齐油气田位于克拉苏构造带和拜城凹陷的西部，受新近纪晚期喜马拉雅运动的影响，区域上形成了以古近系库姆格列木群膏盐岩为界的盐下断块、断背斜圈闭和盐上背斜圈闭；区内多条逆冲断裂沟通烃源岩和圈闭，油气成藏条件十分优越，形成了盐下大北气田和盐上大宛齐油田，前者储层为白垩系巴什基奇克组砂岩，以煤成气为主，含少量轻质油；后者储层为库车组砂岩，以轻质油为主，含少量煤成气。

大北地区储层流体成分分析、岩石薄片和包裹体荧光观察结果均表明存在两期原油和一期天然气充注，早期充注的原油在晚期遭受破坏形成沥青。黄色荧光的油包裹体代表了早期相对成熟度较低的原油充注，发蓝白色荧光的油包裹体代表了相对晚期的较高成熟原油充注，而天然气的成熟度更高。大北地区不同断块压力梯度、天然气成熟度和组分、原油地球化学特征和成熟度、地层水的特征都具有很好的相似性，而且油气充注时间相同、包裹体古盐度和古压力演化趋势也具有很好的相似性，表明大北地区在早期为一个统一的圈闭，不同断块具有相似的流体演化史(图5-41)。早期统一的圈闭在构造

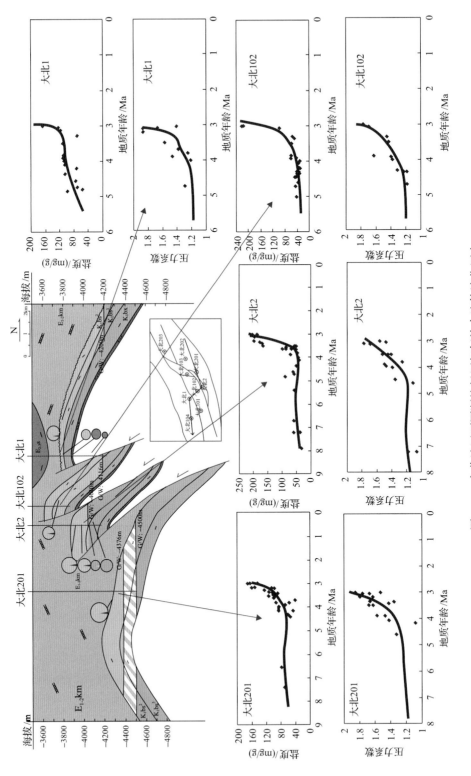

图 5-41 大北地区不同断块经历历相似的古流体演化历史

挤压作用下形成不同的断块，断层活动沟通气源和储层，深部流体充注到大北地区不同断块中。将与烃类包裹体共生的盐水包裹体均一温度投影到古地温的埋藏史上，得到第二期油充注时间大约为 5～4Ma，在康村组沉积末期，天然气充注时间为 3～0Ma。由于油充注时间在库车组沉积之前或者库车组沉积早期，因此油充注时期储层孔隙连通性比较好。

这种特征与大北地区的构造演化密不可分，大北地区构造演化属于挤压后展式。大北地区早期大圈闭形成时间相对较早，受南部主干断层的控制，后期挤压构造产生多条小级别的断裂，使大构造复杂化，形成了多个断块，各断块在后期的成藏过程类似。

油气源对比表明，大北气田以及大宛齐油田的原油来源相同、特征相似，均来源于上三叠统黄山街组和中侏罗统恰克马克组的湖相烃源岩；天然气均为煤成气，但大宛齐油田的天然气成熟度明显低于大北气田的天然气成熟度，表明盐上圈闭聚集了早期的煤成气，盐下圈闭捕获的煤成气相对较晚。

综合储层沥青、颗粒荧光、油气地化等分析数据以及膏盐岩盖层脆塑转换研究成果，结合构造演化，揭示大北气田和大宛齐油田的关系及油气成藏过程(图 5-42)。

康村期，上三叠统黄山街组湖相烃源岩排出的成熟油气进入盐下大北 1 古圈闭成藏。大北 102 井主要目的层砂岩颗粒荧光分析表明，大北盐下白垩系储层曾存在古油藏，并由该区构造演化推测其主要聚集部位相当于现在的大北 1-大北 2-吐北 4 构造。

库车组沉积早期，伴随天山的隆升作用与向南挤压推覆作用，大北盐下古圈闭被断层复杂化，且断块局部相对抬升剥蚀，在北侧吐北 1 和吐北 4 井区膏盐层埋藏较浅，穿盐断层形成，一方面煤系烃源岩和湖相烃源岩开始大量生排煤成气和成熟度较高湖相原油，并与早期原油混合，古原油遭到气洗分馏，同时油气向北高点侧向迁移、调整，部分油气沿吐孜玛扎断层向上散失、运移；另一方面沿断层向上运移的部分油气进入盐上新近系吉迪克组的底砂岩层，然后侧向运移，在大宛齐早期背斜下部(吉迪克组)聚集成藏。吐北 1 和大北 1 等井吉迪克组油气显示提供了油气沿砂层运移的证据。

在库车组沉积中晚期—第四纪，随着膏盐岩层埋藏深度的增大，其塑性增强，膏盐岩受南天山的挤压推覆作用和上覆负荷的重力作用向南部塑性流动，使盐间断层消失，穿盐断层在盐层内断开，塑性膏盐岩沿断层向上侵入刺穿岩层，形成盐墙，从而关闭了深层油气进一步向上运、散的通道。此后，盐下断层继续活动或形成，断块、断背斜挤入塑性膏盐层内，形成大量有效圈闭，大规模高-过成熟煤成气和少量高成熟的湖相原油运聚成藏，早期原油仅以气溶油的形式保留着，且数量很少，形成盐下含少量凝析油的干气气藏。盐上随背斜的进一步发育，大宛齐背斜运聚的油气沿核部张性断裂或裂隙向上调整，于库车组成藏，大部分天然气散失，形成了大宛齐油田。

大北盐下深层与克拉-克深地区不同，圈闭埋藏一直较深，盖层自库车中期以来塑性封闭能力强，油气保存条件好，当然上部地层水或大气水也无法进入储层，储层为裂缝性残余原生孔型，因此，地层水古盐度呈上升趋势。

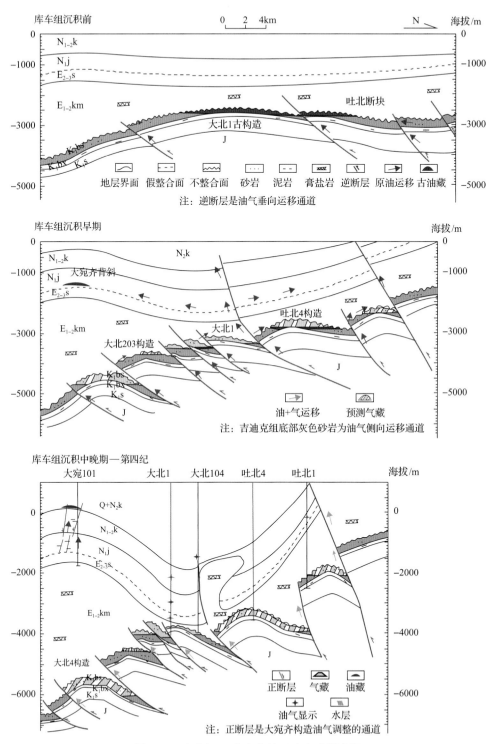

图 5-42 大北气田-大宛齐油田动态成藏过程

三、霍-玛-吐构造带断-泥组合控制机制

准南前陆盆地位于准噶尔盆地与天山造山带之间，是以挤压构造为特征的中新生代陆相盆地。山前逆冲推覆构造带分为三段：东段博格达山前前缘形成古牧地-小泉沟-三台构造带；中段齐古段以西，前缘形成了霍-玛-吐和独-安-呼二排重要的断层传播褶皱带，齐古段以东为复杂的楔形逆冲主体带；西段四棵树凹陷段发育高泉断层传播褶皱带。

准噶尔盆地南缘第二排背斜带主要由霍尔果斯背斜、玛纳斯背斜和吐谷鲁背斜组成，霍-玛-吐构造带是南缘重点勘探区带，由早期褶皱与后期断层突破及中、深部双重构造叠加组合而成。其中，早期为一"品"字形排列的背斜构造带，后期霍-玛-吐断裂沿安集海河组泥岩由背斜南翼突破至地表，浅层背斜为断层传播褶皱，表现为北翼陡且短、南翼长而缓的不对称特征，深层背斜内部发育有多个互相叠置的楔形体，楔形体内的构造变形表现为断层转折褶皱，但这些楔形构造的规模较小；垂向上，该构造带可划分为浅、中、深三个构造层，霍-玛-吐断裂上盘为浅部构造层，下盘至西山窑组煤层为中部构造层，西山窑组煤层以下为深部构造层，主要勘探目的层为中部构造层；横向上，呈东西向展布，但地表的逆冲推覆断层以及深部的构造楔在平面上呈"品"字形排列。霍-玛-吐构造带各构造圈闭面积东大西小、埋深东深西浅。

1. 盖层发育特征

盖层发育特征主要研究盖层的分布、岩性、岩石力学特征、厚度、膏泥岩比率和单层厚度分布规律等。盖层分布决定盖层的性质，分为区域性盖层和局部盖层，区域性盖层决定油气富集量的多少，目前钻井揭示准南发育 4 套区域性盖层：下侏罗统三工河组和八道湾组盖层、下白垩统吐谷鲁群盖层、古近系安集海河组盖层、新近系塔西河组盖层。其中，中—下侏罗统普遍发育煤系盖层，厚度较大，泥地比较低，具塑性岩石力学特征，全区分布稳定性一般，封闭能力较好；白垩系和古近系—新近系发育厚层泥质盖层，泥地比高，全区分布稳定性好，特别是吐谷鲁群盖层厚度和单层厚度较大，具有较强的盖层封闭能力(图 5-43)。

由于准南前陆冲断带构造运动强烈，山前第一排构造带抬升剥蚀较强，东、中、西段构造带构造差异很大，导致各构造带盖层发育不一致。第一排构造东段和中段普遍缺失白垩系吐谷鲁群以上的盖层；第二排构造霍-玛-吐构造带油气藏起主要封堵作用的盖层有两套，即新近系塔西河组和古近系安集海河组，均为水进体系域的浅湖、半深湖泥岩沉积，分布范围广，沉积厚度大，岩性纯，且横向上均一稳定，均为有效的区域盖层。其中，塔西河组发育一套浅色膏泥岩湖相沉积，沉积厚度 500～1000m，对南缘中西部油气藏的形成和保存起着重要的作用。勘探实践证明，该套盖层相带为半深湖-深湖相，岩性为膏岩、膏泥岩和钙质泥岩，是一套好的区域盖层。安集海河组区域盖层对南缘中、西段的油气成藏至关重要，目前已发现的规模较大的油气藏皆分布于该套盖层之下。该套盖层岩性为深湖-浅湖相暗色泥岩，分布范围比较广，在南缘中、西段大部分地区厚度大于 400m，最厚处超过 700m(图 5-44)。同时在安集海河组内存在烃源层，厚度为 10～60m，具有生烃潜力，当盖层烃浓度高于下伏储层烃浓度时，盖层对储层烃类分子的扩

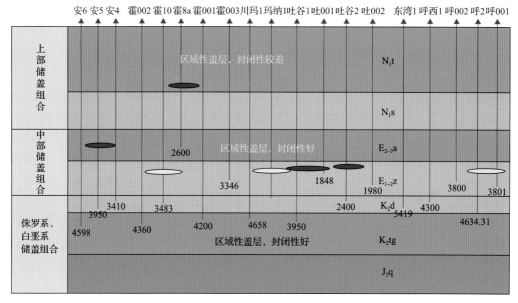

图 5-43　准南前陆盆地储盖组合关系图

图中数字代表井深，单位 m

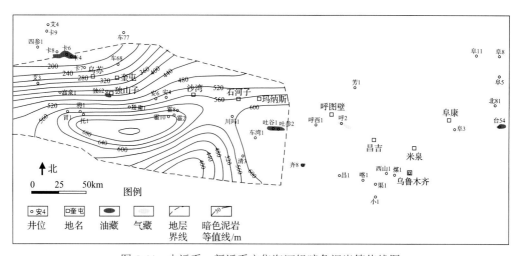

图 5-44　古近系—新近系安集海河组暗色泥岩等值线图

散尤其是天然气的逸散起到明显的封闭作用，具有烃浓度封闭性。另外，该套区域盖层从呼图壁至西湖一带存在异常高压，安集海地区为最高，压力系数最高达 2.38，吐谷鲁地区次之，为 2.05，表现为异常高压的层段与相邻储层之间形成的较大压力差，对下伏的油气藏具有超压封堵作用。由此可见安集海河组区域盖层沉积稳定，分布范围广，厚度大，具有毛细管、超压和烃浓度三重封堵机制，是一套优质的区域盖层。

2. 霍-玛-吐构造带断-泥组合控藏

构造演化的不同决定不同构造断-盖组合主要类型和油气分布的差异。由霍尔果斯、玛纳斯和吐谷鲁背斜组成的霍-玛-吐构造带，在空间上呈"品"字形分布在南缘中段第二排背斜构造带上。

1)构造演化与断-泥组合空间分布

霍-玛-吐构造带主要目的层为中、上组合的白垩系—新近系。中、上组合背斜构造形成于喜马拉雅运动末期,受北天山隆升向北挤压力的作用下,沿安集海河组塑性泥岩层形成霍-玛-吐断裂滑脱冲出地表,滑脱断层之下形成古近系安集海河组($E_{2-3}a$)、紫泥泉子组($E_{1-2}z$)及白垩系东沟组(K_2d)为地层组合的背斜构造(图 5-45)。目前三个背斜均已发现油气藏,勘探成果表明,三个背斜构造的油气藏既有相似之处,又存在明显的差异性,霍-玛-吐构造带石油主要聚集在储盖组合Ⅱ和组合Ⅲ中,天然气主要聚集在安集海河组盖层之下,这是由于安集海河组盖层品质好,能够满足封盖大量天然气的要求,在无断裂破坏的情况下,其上没有聚集大量油气,虽然上部塔西河组盖层封闭能力也较好。相对于霍-玛-吐构造带,准南山前冲断带紧靠山前部分断裂发育,盖层封闭能力很差,油气沿着断裂散失到地表,形成大量地表油气苗。霍尔果斯背斜区正常原油、稠油、天然气均有分布,玛纳斯背斜区以产气为主,而吐谷鲁背斜区以产油为主。

中新统沙湾组和塔西河组沉积期,继承了安集海河组沉积时的盆地格局

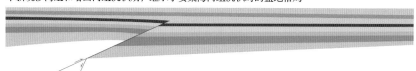

上新统独山子组沉积期,自上新世(约5Ma),准南发生大规模冲断,山前地区开始抬升,玛纳斯深层构造形成

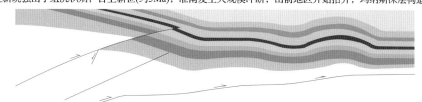

现今剖面第四纪以来,构造变形加剧,山前地区强烈抬升,玛纳斯浅层背斜形成

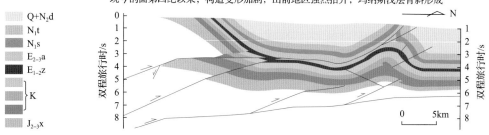

图 5-45 玛纳斯构造演化

霍尔果斯构造形态为长轴背斜构造,由沿安集海河组内滑脱的霍-玛-吐逆冲断层,将背斜分成两个构造层:霍-玛-吐滑脱断层之上为南倾的单斜地层,组成地面背斜的南翼,北翼近于直立甚至倒转,南翼较缓,倾角约为 $50°\sim60°$,核部为古近系安集海河组($E_{2-3}a$),两翼为中新统—更新统沙湾组(N_1s)、塔西河组(N_2t)和独山子组(N_2d);浅层背斜下伏断层沿安集海河组($E_{2-3}a$)泥岩滑脱,并出露地表,构成上穿型断-泥组合;霍-玛-吐滑脱断层之下深层东西向长轴背斜被多条逆断裂切割,形成地层重叠的垂向叠片式楔

形构造样式，深层背斜内部的构造楔形体表现为完全叠加，主要形成了由之字状断层组合沟通的上下贯穿型断-泥组合，其次为下穿型断-泥组合。向东至玛纳斯背斜和吐谷鲁背斜交汇地区，深层背斜核部的楔形体则由完全叠加转化为部分叠加，因而导致背斜内部高点发生分异，断-泥组合由上下贯穿型演变为下穿型。另外，以区域性的台阶状逆冲断层为界，准噶尔盆地南缘的冲断作用可分为上、下两个构造层。由于下构造层内的褶皱作用并未在上构造层内部产生相应的褶皱变形，推测上构造层切割了下构造层，即上构造层的形成要晚于下构造层。

2) 油气成藏过程

通过对霍-玛-吐构造带白垩系东沟组—古近系紫泥泉子组砂岩储层流体包裹体样品的系统分析，综合判定霍-玛-吐构造带主要存在两期成藏：第一期成藏大约为塔西河组沉积时期(10Ma 左右)，此时下白垩统湖相烃源岩处于生油高峰时期，该期成藏主要为成熟原油的充注；第二期成藏大约为在西域组沉积之前(3Ma 年左右)，该时期中下侏罗统煤系烃源岩处于高成熟演化阶段，主要以生成干气为主，伴随较高成熟原油充注(图 5-46)。

储层颗粒荧光光谱分析证实了霍-玛-吐构造带早期原油的充注。受后期断-盖组合的控制，早期油藏或发生调整，或受后期高成熟天然气的气侵作用，形成高蜡稠油或凝析油。

霍 002 井 3097～3110m 井段的试油结果为稠油，其原油密度可达 0.96g/cm³，平均凝固点为 38.5℃，含蜡量为 11.57%～18.68%，最高黏度(50℃)可达 15436.02mPa·s，属于典型的稠油，而霍尔果斯油气田其他井均为正常原油，二者成熟度和分子化学特征相似(表 5-9)，显然为次生成因。由霍 002 井稠油的生物标志物分析结果表明，饱和烃中正构烷烃分布完整，没有明显的奇偶或偶奇优势，在重碳数部分也没有见到明显的"鼓包"，也没检测到 25-降藿烷，可以排除霍 002 井被生物降解的可能。轻烃成分中含有较丰富的轻烃组分，其苯和甲苯含量高，说明该井稠油主要是由于遭受气侵"蒸发分馏"而形成的。综合分析认为，霍 002 井稠油是由后期充注的天然气气侵、轻质油气散失而保留的残余油。

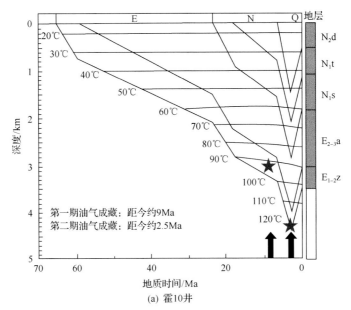

(a) 霍10井

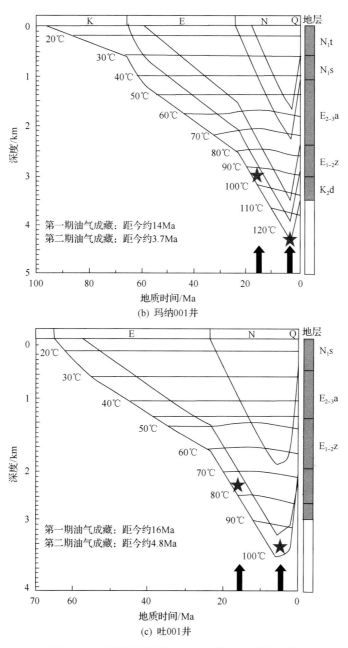

图 5-46　储层沉积埋藏史、热史及油气成藏时期

表 5-9　霍 002 井稠油与霍 10 井正常原油成熟度和甾烷含量数据

井号	深度/m	层位	密度/(g/cm³)	成熟度 C₂₉ 20S /(20S+20R)	相对含量/%		
					C₂₇ 甾烷	C₂₈ 甾烷	C₂₉ 甾烷
霍 002（稠油）	3097～3110	E₁₋₂z	0.96	0.43	34.37	21.49	44.14
霍 10（原油）	3064～3067	E₁₋₂z	0.79	0.45	35.13	23.66	41.21

玛河气田凝析油也是后期气侵所致。玛纳 001 井储层沥青甾烷和萜烷生物标志物分布特征与霍尔果斯及吐谷鲁背斜的生物标志物分布特征相似。该凝析油 $\alpha\alpha\alpha C_{29}$ 甾烷 20S/(20S+20R) 为 0.53，异胆甾烷的含量也高，属于成熟油。该凝析油苯和甲苯含量很高，甲苯/nC_7＞1.5，存在明显的"蒸发分馏"作用，由于断裂活动，后期天然气的注入将原先的油藏改造为凝析油气藏。

3) 断-泥组合时空演化控藏

白垩纪沉积前，早、中侏罗纪时期(燕山运动第一幕)，包括霍-玛-吐构造在内的准南地区为弱伸展构造背景下的泛湖沉积，沉积了巨厚的湖沼相的两套含煤层夹一套灰黄色泥质岩，形成了准噶尔盆地南缘重要的煤系气源岩。

古近系沉积前，白垩纪早期(燕山运动第二幕)，该区处于整体抬升后的沉降阶段，接受了吐谷鲁群的浅水湖相沉积，形成了霍-玛-吐构造带主要油源岩和区域泥岩盖层，此时侏罗系的烃源岩开始生烃、排烃，但此时仅有沿西山窑组煤系产生的顺层滑脱断层，油气主要为长距离水平运移，该区无断-泥组合形成，不利于汇聚成藏。

第一期油气成藏阶段，新近系独山子组沉积前。在喜马拉雅构造运动Ⅰ幕的影响下，北天山持续隆升，沿西山窑组煤系产生顺层滑脱断层，向上至吐谷鲁群地层，并顺势继续沿吐谷鲁群泥岩滑动，当顺层滑脱断层在吐谷鲁群泥岩滑动受到阻碍时，则向上逆冲形成了霍尔果斯断背斜，卷入构造的层位包括侏罗系、白垩系吐谷鲁群。沙湾组的快速沉积使下部安集海河组泥岩发生欠压实而形成异常高压，此时下白垩统烃源岩在古近纪进入生油门限开始生油，侏罗系烃源岩已进入大规模生气阶段，油气开始沿反冲断层向上运移，并在安集海河组泥岩盖层下的断层两侧渗透性好、构造有利的部位紫泥泉子和东沟组聚集，该期油气聚集可能早期以油为主(图 5-47)。吐谷鲁背斜区古流体势最低，为该期油气运移的有利汇聚区，且此时正值白垩系烃源岩大量生油高峰期，发育下穿型断-盖组合，沟通油源和储层，由此推测吐谷鲁背斜区以聚集白垩系烃源岩生成的油为主。

第二期油气成藏阶段，独山子沉积时期，在喜马拉雅运动Ⅱ幕的影响下，准南中段第二排构造带上的霍-玛-吐断层开始形成，其构造活动强度大，向下切穿深部地层，形成上穿型断-泥组合，此时正是中下侏罗统烃源岩生气高峰期和下白垩统烃源岩生油高峰期，以气为主。由于强烈的构造运动和接近地层破裂强度的超高压可能导致部分油气逸散，在安集海河组上部地层中形成聚集，如霍 8a 井与霍 2 井的浅层油气藏。而霍尔果斯和玛纳斯背斜区的古流体势相对较低，是该期油气运移的有利汇聚区，此时中下侏罗统煤系烃源岩处于大规模生气阶段，并且受喜马拉雅运动Ⅱ幕的影响，在霍-玛-吐构造带上形成了沟通中下侏罗统煤系烃源岩的霍-玛-吐断层和与其伴生的次级调节断层，下部为下穿型断-盖组合，沟通气源，上部为上下贯穿型断-盖组合，使中下侏罗统生成的气沿断层通过下白垩统烃源隔层垂向运移至紫泥泉子组，然后向低势中心玛纳斯背斜区运移聚集，由此推测玛纳斯背斜区以聚集中下侏罗统煤系烃源岩生成的气为主。

此外，由于霍-玛-吐断层沟通了上、下不同的压力系统，使得干酪根裂解气沿断层向白垩系东沟组和古近系紫泥泉子组大规模涌流，白垩系油藏发生气侵，大部分为凝析油气藏。

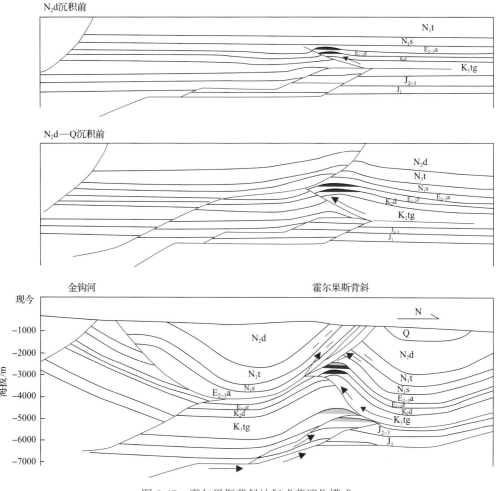

图 5-47 霍尔果斯背斜油气成藏演化模式

总体而言，霍-玛-吐构造主要形成于喜马拉雅中期并定型于喜马拉雅晚期，构造形成时间与烃源岩大规模排烃期相匹配。天然气来源于侏罗系烃源岩，为干酪根裂解气，油来源于白垩系烃源岩，油先充注，气后充注，早油晚气，后期改造调整，并局部发生气洗改造作用。

霍尔果斯构造霍-玛-吐断层和与其伴生的次级及调节断层发育，除上下贯穿型断-泥组合外，还存在上穿型断-泥组合，形成了稠油、凝析油、天然气共存于一个构造的复杂局面(图 5-48)。

玛河气田所在背斜两侧发育侧断坡式构造转换带，发育上下贯穿型断-泥组合，是油气指向的有利部位，油气供给持续充足，这可能是玛河气田油气丰度高的主要原因，又由于霍-玛-吐构造带具有早油晚气、晚期成藏的特征，玛纳斯背斜后期持续干气供给充足，原有的正常油藏在蒸发分馏作用的充分改造下逐渐演变为凝析油气田。

吐谷鲁构造缺乏反冲断层，仅发育下穿型断-泥组合，下部煤成气没有进入上部油藏，现今保存主要为正常油藏的面貌，含气很少，且油藏的充满程度很低，呈现大圈闭小油藏的面貌，油藏改造有限。

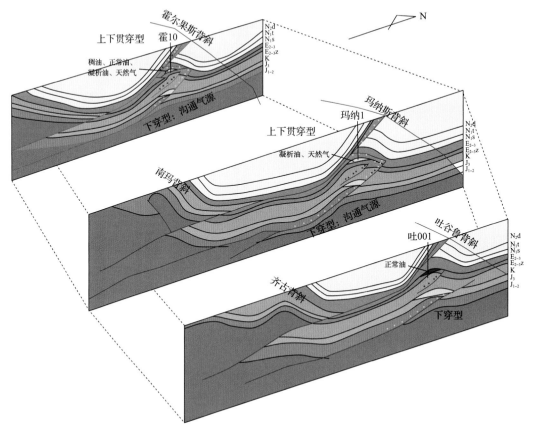

图 5-48　霍-玛-吐构造带断-泥组合控藏

四、狮子沟-英雄岭构造带断-泥组合控制机制

柴达木盆地位于青藏高原东北缘，为中新生代高原型含油气盆地。阿尔金断裂、祁连山断裂和昆仑山断裂三大断裂体系共同控制盆地的发育，盆地内构造体系近北西向展布。将盆地划分为四个一级构造单元：柴西隆起、柴北缘隆起、一里坪拗陷和三湖拗陷。其中，柴西隆起细分为五个构造带，从北向南分别为：大风山凸起、咸水泉-油泉子构造带、狮子沟-英东构造带、尕斯断陷、昆北断阶带(图 5-49)，构造带之间呈现隆凹相间的构造格局。

盆地构造和油气成藏演化分为四个阶段。

(1)路乐河组(E_{1+2})—下干柴沟组上段(E_3^2)沉积末期，构造带以近南北向拉张为主，形成少量的基底正断层，发育多套优质烃源岩。

(2)上干柴沟组(N_1)—下油砂山组(N_2^1)沉积时，构造带处于拗陷期，地层沉积平稳，没有发生明显的变形，断裂发育较少，深部地层发育楔形构造。

(3)上油砂山组(N_2^2)沉积初期，构造带受近南北向的压扭作用，断裂活动沟通源岩与储层，构造带发生第一次充注。

(4)狮子沟组(N_2^3)沉积初期，构造带再次强烈挤压，断裂活动，输导油气，该区的油气再次发生充注。

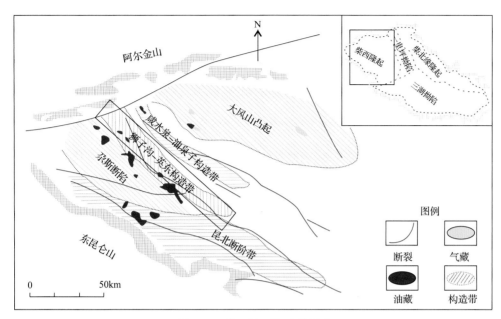

图 5-49 柴西地区构造带划分

狮子沟-英东构造带位于英雄岭背斜之上，构造带大致呈现北西—北西西向平缓的反"S"形背斜构造，构造的隆起区是重要的油气聚集带，狮子沟-英东构造带已发现狮子沟油田、花土沟油田、游园沟油田、尕斯库勒油田、油砂山油田，以及英东一号亿吨油田。该区构造演化控制着断-盖组合模式以及形成圈闭的有效性，直接影响构造带的油气成藏过程。

1. 泥岩盖层对油气聚集的控制作用

柴达木盆地西缘发育多套储盖组合，且多为砂、泥互层(图 5-50)。储盖组合中泥岩盖层的厚度(盖地比)是控制油气富集的一个重要因素。

地层	生	储	盖	组合形式	油 气 藏																	储量分布/%
					乌南	尕斯	砂四	跃进二号东高点	红柳泉	七个泉	狮子沟	花土沟	游园沟	油砂山	切6	尖顶山	红沟子	咸水泉	油泉子	开特米里克	南翼山	跃西	跃东	20 40 60 80
Q																								
N_2^3				下生上储																				
N_2^3										▲						▲	▲	▲	▲		▲	▲		
N_2^1					▲	▲		▲				▲		▲		▲	▲	▲	▲		▲			
N_1						▲				▲								▲			▲			
E_3^2				自生自储		▲					▲	▲									▲			
E_3^1						▲			▲		▲				▲							▲		
E_{1+2}															▲									
基底																								

▲ –来自古近系—新近系烃源岩的油气

图 5-50 柴西地区储盖组合及油气分布情况

英东一号构造 N_2^2 和 N_2^1 盖层岩性以砂质泥岩和泥岩为主(图 5-51)。统计英东 102、英东 103、英东 104、英东 105、英东 106 井油气层上部盖层(图 5-52),泥岩层最大单层厚度 18m,累计厚度介于 400～1000m,对应盖层泥地比为 57%～74%,砂质泥岩及泥岩含量相对较高。同时英东构造带地表未见油气苗,证明该套盖层垂向上具有一定封闭能力。

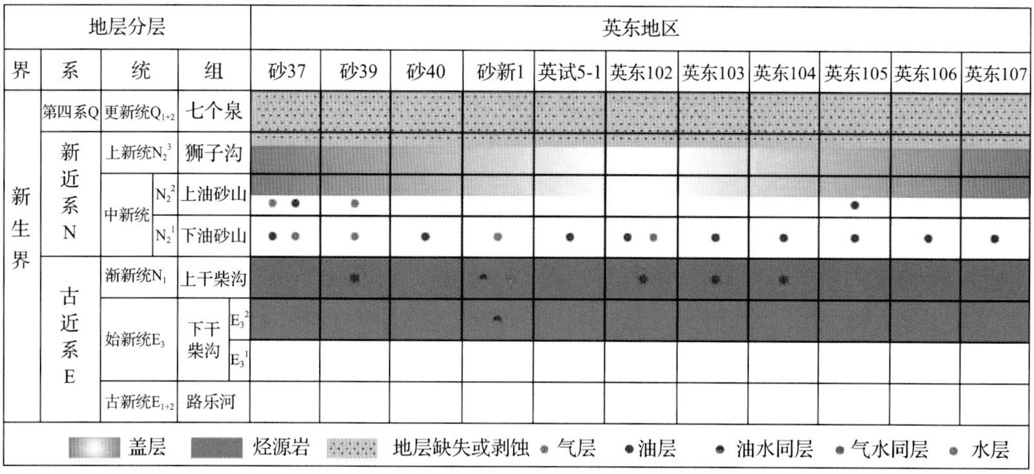

地层分层				英东地区									
界	系	统	组	砂37	砂39	砂40	砂新1	英试5-1	英东102	英东103	英东104	英东105	英东106	英东107
新生界	第四系Q	更新统Q$_{1+2}$	七个泉											
	新近系N	上新统N$_2^3$	狮子沟											
		中新统 N$_2^2$	上油砂山	● ●	●							●		
		N$_2^1$	下油砂山	● ●	●	●	●	●	●	●	●	●	●	●
	古近系E	渐新统N$_1$	上干柴沟	●	※		●		●	●	●			
		始新统E$_3$	下干柴沟 E$_3^2$				●							
			E$_3^1$											
		古新统E$_{1+2}$	路乐河											

盖层　烃源岩　地层缺失或剥蚀　●气层　●油层　●油水同层　●气水同层　●水层

图 5-51　英东地区储盖组合及油气分布情况

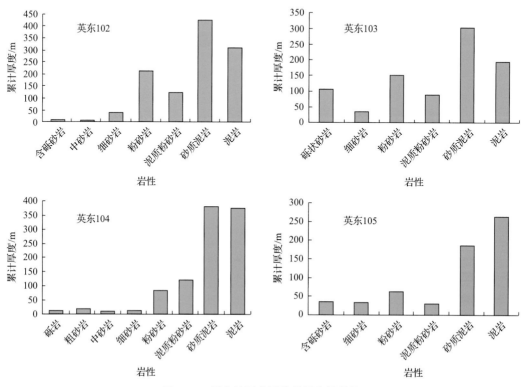

图 5-52　英东地区典型井盖层岩性统计

盖层控制油气富集不仅仅体现在泥岩的厚度，盖层与地层厚度的比值（盖地比）也控制了油气的富集。通过统计盖层排替压力与渗透率的关系，一般排替压力达到 2MPa 以上，才能有效阻止油气的纵向运移（图 5-53）。而区域统计规律显示，盖地比一般要大于 65% 以上，才能有效封闭油气并富集成藏（图 5-54）。

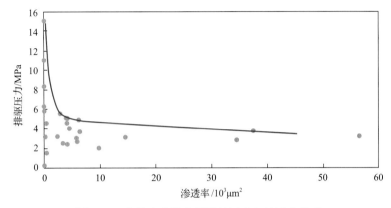

图 5-53 柴达木盆地盖层排替压力与渗透率关系

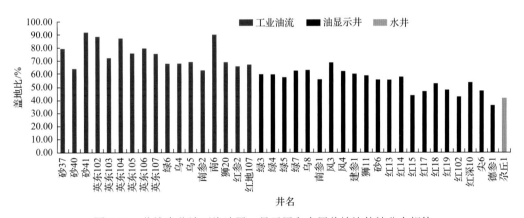

图 5-54 柴达木盆地西缘油层、显示层和水层盖地比统计分布规律

2. 断裂对油气聚集的控制作用

英东一号构造是一个典型的受断裂控制的断块油气藏，构造带内六条断层将英东一号构造划分为三个断块（图 5-55），统计五条控圈断层 F1、F2、F4、F5、F6 断距（图 5-56），各断层控圈范围内断距普遍大于 10m。英东一号构造储层为典型的砂、泥互层沉积，统计英东 102、英东 103、英东 104、英东 105、英东 106 井储层砂岩和泥岩单层厚度，区域内储层单砂体厚度 80% 分布在 0～4m（图 5-57），绝大部分砂体被错断，断层侧向封闭类型为断层岩封闭（图 5-58），控圈断层的封闭能力主要取决于断层带内充填的泥质含量，因此可以应用断层泥比率法定量评价英东构造带断层侧向封闭性。

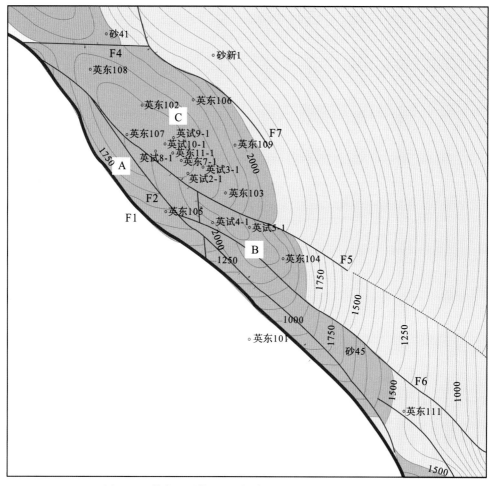

图 5-55 英东一号构造 K3 标准层顶面构造图（单位：m）

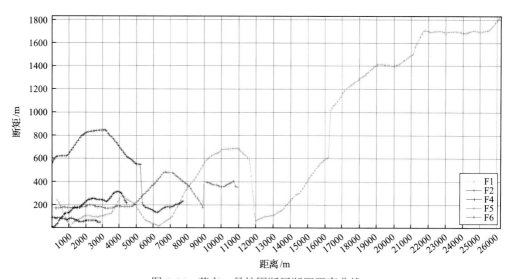

图 5-56 英东一号控圈断层断距距离曲线

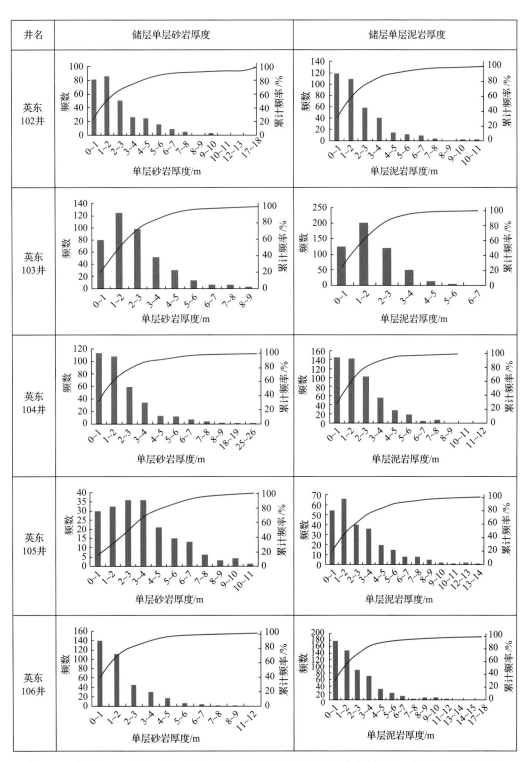

图 5-57　英东 102、英东 103、英东 104、英东 105、英东 106 井储层砂岩、泥岩单层厚度统计

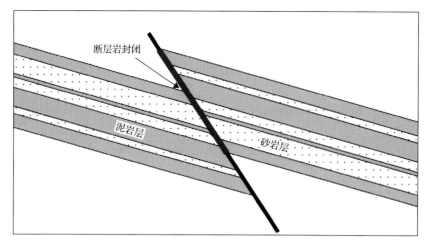

图 5-58　断层岩封闭模式图

砂泥互层地层中，断层以典型断层岩封闭为主，断层封闭能力主要取决于断层带内充填的泥质含量

　　应用断层泥比率方法对一个具体地区断层的封堵性进行评价，必须用被钻井资料证实了封堵能力的气藏断层对泥岩涂抹因子(SGR)值进行标定。用原地的压力资料对 SGR 进行标定，推导断层的封堵强度，从而估算烃柱的高度。在理想情形下，SGR 值必须用断层圈闭的烃类与断层带中水之间的压力差进行标定。然而，由于很难收集到断层带中精确的水的压力资料，压力差(AFPD)是通过测量相同储层中烃相和水相之间的压差或者测量过断层的压力差得到。AFPD 是在断层面上测量同一深度的上升盘一侧(A)的烃类压力和下降盘一侧(A')的水压力的差，通过建立 SGR 与 AFPD 关系，得到 SGR 与断面各点所能支撑的烃柱高度 H 的对应关系。英东地区断层断面 SGR 值主要集中分布在 35～80(图 5-59)。通过对英东一号构造内断块的研究，选取了较为典型的断块 C 的两条控圈

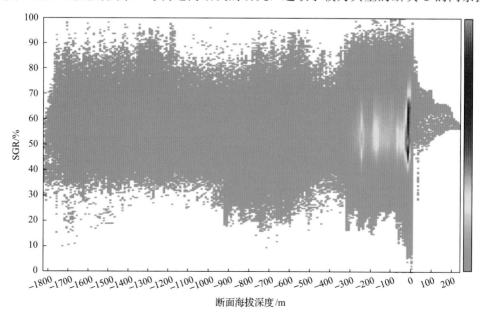

图 5-59　F1—F6 断层断面 SGR 频率分布叠合图

断层 F4、F5 作为标定对象，对该断块的圈闭要素进行统计。通过断层两盘含有油气性和油(气)水界面，标定断面压差[其中以气层(3#)、油气同层(4#)、油层(6#)为例]，统计断块 C 内每一个小层断层 F4、F5 控圈范围内断面 SGR 与 AFPD 的关系，得出了断层封闭上限包络线(图 5-60)，进而可定量表征断层侧向封闭能力。

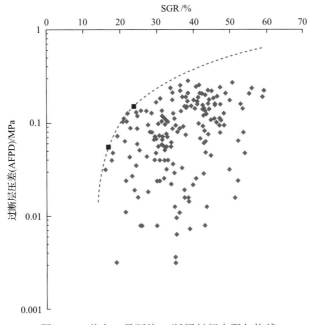

图 5-60　英东一号断块 C 断层封闭上限包络线

断块 A 受 F1、F2 及部分 F5 断层控制，断块 B 受 F2、F5 断层控制，综合考虑圈闭各因素及流体运移规律，利用公式模拟断块控圈断层 F2 和 F5 的断面属性，计算断面临界压力(AFPD)、烃柱高度及油水界面(OWC)，结合两条断层渗漏点的位置，最终确定断块 A、断块 B 内渗漏点位置，预测断块内油水界面及所封闭的烃柱高度(图 5-61、图 5-62)。

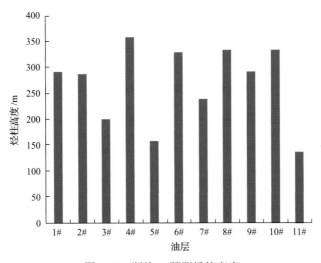

图 5-61　断块 A 预测烃柱高度

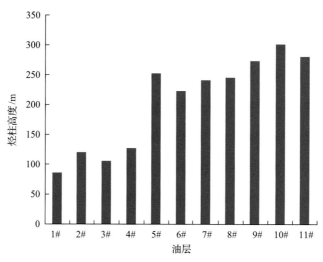

图 5-62　断块 B 预测烃柱高度

通过对比不难发现：断块 A 封闭的最大烃柱高度 358.93m，最小 136.69m；断块 B 封闭最大烃柱高度 301.54m，最小 85.17m。控制三个区块的断裂的封闭烃柱高度都高于现今的烃柱高度，说明这几条断裂起到了完全封闭的作用，而泥岩盖层在断裂带中的涂抹决定了断裂的封闭能力。断裂与泥岩盖层的有效组合决定了英东一号油气的富集和保存。

3. 断-泥组合时空演化对狮子沟-英东构造带油气成藏的控制

柴达木盆地西部狮子沟-英东构造带近年来陆续获得重要油气发现，油气探明储量超亿吨，勘探潜力巨大。研究表明，区域构造演化控制了断层的演化和空间展布，从而在不同构造部位形成不同类型的断-泥组合。不同类型的断-泥组合控制了狮子沟-英东构造带的油气成藏与分布。

由于盆地经历多期构造事件，狮子沟-英东构造带内部的构造样式复杂，受阿尔金断裂左旋走滑和盆地晚期近南北向挤压应力场的共同影响致使狮子沟-英东构造带呈现反"S"形构造形态(图 5-63)，狮子沟-英东构造带具有走向分段，垂向分层的构造变形特征。

新生代构造活动强度差异造成构造带东、西段的构造组合样式、变形特征及变形强度明显不同，断-盖组合类型也有差异。构造带西段位于测线 06035 以西，地表为一背斜构造，背斜轴向呈北西—北北西向，断裂走向为北北西向，深层(下干柴沟组下段的顶界面以下)断裂倾角大，断裂断距小的一系列逆断层，不具有反转的性质；浅层构造复杂，断裂组合为"两断夹一隆"背冲式组合，断层在下干柴沟组上段滑脱，滑脱断距小。构造带的东段，背斜的轴向为北西—北西西向，断裂在平面上的走向为北西向，深层发育少量的逆断层，断距较小，断裂倾角较小，部分断裂为正反转断裂；浅层的断裂的组合模式主要是似花状组合，主干断裂在滑脱层的滑距较大，表明东段在晚期受压扭作用明显。从地震精细解释的生长地层形成的时期来判断分析，认为西段构造抬升时期较早于东段，构造带西段发生隆升的时间是在下油砂山组(N_2^1)地层沉积末期开始。

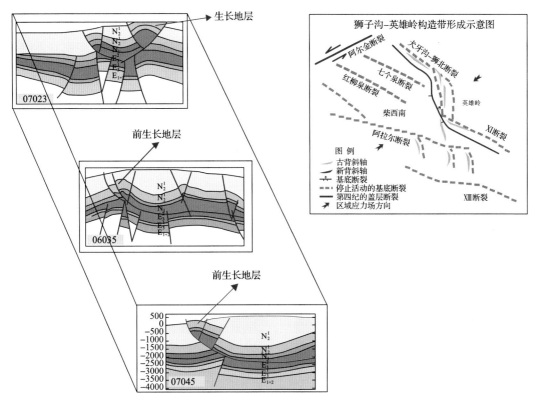

图 5-63 狮子沟-英东构造带构造样式特征(隋立伟等，2014，有修改)

构造带东、西段构造变形强度明显不同，采用地质体面积守恒原则来求取构造带各段的地层缩短率。假设地层在地质历史时期地层沉积时的长度为 $L_{原始}$，现今的地层长度为 $L_{现今}$，当地层受到挤压应力时，地层缩短，地层的缩短量(a) 为

$$a = L_{原始} - L_{现今}$$

缩短率(e) 为

$$e = a / L_{原始} \times 100\%$$

通过剖面地震解释，每一套地层在变形前后所占的面积是守恒的 $S_{地质体}$，从地震剖面我们可以得到现今未受构造影响的地层厚度为 H_0 和现今地层的长度为 $L_{现今}$，则

$$L_{原始} = S_{地质体} / H_0$$

$$e = (L_{原始} - L_{现今}) / L_{原始} \times 100\%$$

地震剖面的缩短率统计(图 5-64)表明，构造带西段的地层缩短率明显大于东段，表明在构造带西段整体受构造活动影响较大；中段(东、西段的衔接处)是构造应力集中区，构造变形最为明显，缩短率最大。从构造带的西段到东段，构造样式由复杂到简单，构造带西段深层断层为小型逆冲断层，且不具有反转性质；浅层构造样式为背冲组合，断

层发育，冲断作用明显，地层剥蚀严重。构造带东段，深层断裂较少发育，具有反转性质；浅层以似花状组合为主，地层保存较好。

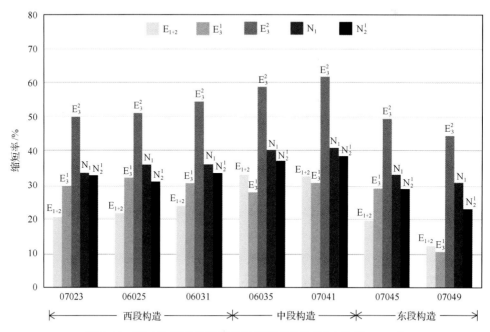

图 5-64 狮子沟-英东构造带地层缩短率统计(隋立伟等，2014)

空间上，构造带东、西段构造差异形成了不同的断-盖组合类型和油气分布。构造带主力烃源岩集中在深层下干柴沟组至下油砂山组，且深、浅层均发育储层，深层油气藏发育自生自储型油气藏和断层相关褶皱形成的背斜及断-背斜型油气藏，干柴沟组作为深层油气藏的源岩、储层及盖层。西段构造活动强度大，浅层断裂发育，地层强烈剥蚀，发育上穿型断-泥组合，浅层油气受构造活动影响破坏严重，油气主要在深层富集，油气藏类型主要有碳酸盐岩裂缝油气藏、岩性油气藏及背斜、断-背斜油气藏；而东段浅层圈闭保存条件较好，发育上下贯穿型和下穿型断-泥组合，油气勘探在浅层已取得了重大成果，深层下干柴沟组发育优质源岩及储集层，具备成藏条件，勘探潜力巨大。

时间上，受到阿尔金和东昆仑两大构造体系的控制，狮子沟-英东构造带的形成过程是从狮子沟-油砂山-英东构造逐渐形成的。在构造带的西段和东段分别选取狮 35 井和砂新 2 井进行单井沉降史模拟，狮 35 井和砂新 2 井的沉降史曲线表明(图 5-65)，构造带有两期构造活动高峰：第一期活动高峰是下干柴沟组的上段(E_3^2)时期，构造带沉降速度瞬间增大，狮 35 井在下干柴沟组的上段(E_3^2)时期平均的构造沉降速度大约为 500m/Ma，平均沉积速率为 700m/Ma，沉降速度小于沉积速度，而砂新 2 井在该时期平均构造沉降速率为 400m/Ma 左右，平均沉积速率也是 400m/Ma 左右，沉降速率与沉积速率相当，有利于源岩的发育，构造带东段的下干柴沟组上段(E_3^2)源岩层要优于构造带西段。第二期的构造活动高峰是从狮子沟组开始至今(N_2^3—Q)，该时期狮 35 井的平均构造沉降速度为 150m/Ma 左右，平均沉积速度为 450m/Ma 左右，而砂新 2 井在该时期的平均构造沉降速度为 140m/Ma 左右，平均沉积速度为 370m/Ma，表明西段抬升明显。该时期构造带受到主应力轴为南北向应力的挤压，应力是压性或压扭性的应力构造带迅速抬升，沉积速度明显大于沉降速度，地层遭受强烈剥蚀。

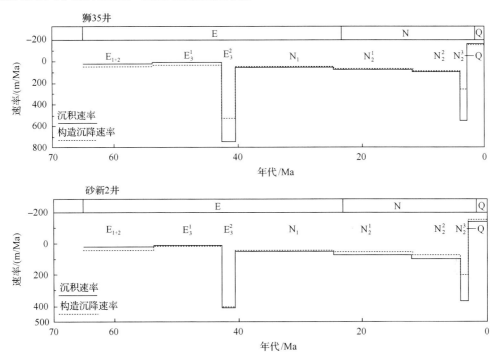

图 5-65　狮子沟-英东构造带单井沉积速率与构造沉降速率对比图(隋立伟等，2014)

对于早期形成的狮子沟构造，经历了多期构造演化，形成现今多期构造叠置的情况；对于形成较晚的英东构造，往往只发育晚期构造，有利于油气保存。因此，狮子沟构造主要发育上下贯穿型和上穿型断-泥组合。由于早期断裂沟通了深部烃源岩，早期形成的上下贯穿型断裂将深部形成的油气输导到了浅层有利的储层中，因此上下贯穿型断-泥组合有利于油气成藏；而晚期形成的上穿型断-泥组合将早期形成的油气藏调整到更浅层，如果沟通至地表将导致油气藏的破坏，因此上穿型断-泥组合不利于油气成藏(图 5-66)。

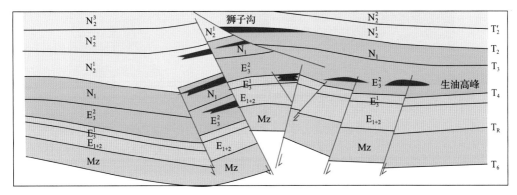

图 5-66　狮子沟构造断-泥组合类型与油气分布

油砂山构造主要发育上下贯穿型和下穿型断-泥组合，早期形成的下穿型断-泥组合沟通了深部烃源岩,可以将深部形成的油气输导到浅层有利的储层中,但是并未与浅部断裂沟通,使油气得以完好的保存,因此下穿型断-泥组合有利于油气成藏;而晚期形成的上下贯穿型断-泥组合将早期形成的油气藏调整到更浅层,如果沟通至地表将导致油气藏的破坏,形成地表的油气苗,因此相对于下穿型断-泥组合,上下贯穿型断-泥组合不利于油气藏的保存(图5-67)。

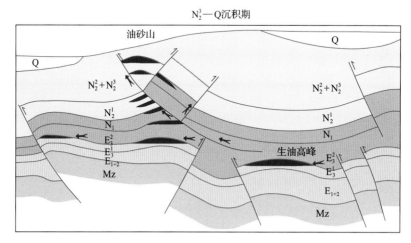

图5-67 油砂山构造断-泥组合类型与油气分布

英东构造由于形成较晚,主要发育下穿型和上下贯穿型断-泥组合。主干断裂沟通了深部烃源岩,可以将晚期形成的油气输导到浅部的有利储层中,后期形成的次级断裂只是使构造更加复杂化,但并未破坏早期形成的油气藏,使油气得以较好的保存(图5-68)。

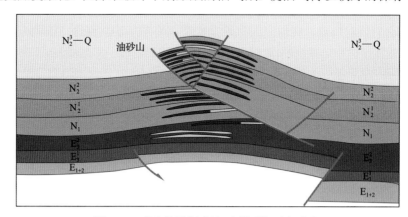

图5-68 英东构造断-泥组合类型与油气分布

因此,对柴西狮子沟-英东构造带来说,断层的演化与沟通控制了油气富集的层位,而砂泥互层的地区受断裂沟通往往形成多含油层系,断层的侧向封堵主要受断裂带内部泥岩涂抹情况控制,泥岩涂抹因子(SGR)越高,则断层封堵的烃柱高度越高,越有利于油气藏的保存。所以,柴西狮子沟-英东构造带的有利勘探领域主要是沿构造带向凹陷倾伏的高点和断裂下盘的高点,以下穿型断-泥组合和上下贯穿型断-泥组合中泥岩涂抹因子较高的层位有利于油气的保存和富集成藏。

参 考 文 献

陈冬霞, 庞雄奇, 姜振学, 等. 2004. 砂岩透镜体成藏门限物理模拟实验. 科学技术与工程, 4(6): 158-161.

陈章明, 张云峰, 韩有信, 等. 1998. 凸镜状砂体聚油模拟实验及其机理分析. 石油实验地质, 20(2): 166-170.

邓祖佑, 王少昌, 姜正龙, 等. 2000. 天然气封盖层的突破压力. 石油与天然气地质, 21(2): 136-138.

范昌育, 王震亮. 2010. 页岩气富集与高产的地质因素和过程. 石油实验地质, 28(4): 730-734.

付广, 苏天平. 2004. 非均质盖层综合天然气扩散系数的研究方法及其应用. 大庆石油地质与开发, 23(3): 1-3.

付广, 张云峰, 陈昕, 等. 2001. 实测天然气扩散系数在地层条件下的校正. 地球科学进展, 16(4): 484-489.

付晓飞, 杨勉, 吕延防, 等. 2004. 库车拗陷典型构造天然气运移过程物理模拟. 石油学报, 25(5): 38-43.

付晓泰, 王振平, 卢双舫. 1996. 气体在水中的溶解机理及溶解度方程. 中国科学(B辑), 26(2): 124-130.

郝石生, 张振英. 1993. 天然气在地层水中的溶解度变化特征及地质意义. 石油学报, 14(2): 12-22.

郝石生, 黄志龙, 杨家琦. 1994. 天然气运聚动平衡及其应用. 北京: 石油工业出版社.

洪峰, 姜林, 郝加庆, 等. 2015. 油气储集层非均质性成因及含油气性分析. 天然气地球科学, 26(4): 608-615.

侯平, 周波, 罗晓容. 2004. 石油二次运移路径的模式分析. 中国科学(D辑), 4(增刊Ⅰ): 162-168.

侯启军. 2010. 深盆油藏——松辽盆地扶杨油层油藏形成与分布. 北京: 石油工业出版社.

胡国艺, 汪晓波, 王义凤, 等. 2009. 中国大中型气田盖层特征. 天然气地球科学, 20(2): 162-166.

黄延章. 1998. 低渗透油层渗流机理. 北京: 石油工业出版社.

姜林, 薄冬梅, 柳少波, 等. 2010. 天然气二次运移组分变化机理研究. 石油地质实验, 32(6): 578-582.

姜素华, 曾溅辉, 李涛, 等. 2005. 断层面形态对中浅层石油运移影响的模拟实验研究. 中国海洋大学学报, 35(2): 245-258.

姜振学, 庞雄奇, 曾溅辉, 等. 2005. 油气优势运移通道的类型及其物理模拟实验研究. 地学前缘, 12(4): 507-516.

康永尚, 朱九成, 陈连明. 2002. 裂缝介质中石油运移物理模拟结果及地质意义. 中国地质大学学报: 地球科学, 27(6): 736-740.

孔令荣, 曲志浩, 万发宝, 等. 1991. 砂岩微观孔隙模型两相驱替实验. 石油勘探与开发, (4): 79-86.

孔祥言. 2010. 高等渗流力学(第二版). 合肥: 中国科学技术大学出版社.

李海波, 朱巨义, 郭和坤. 2008. 核磁共振 T_2 谱换算孔隙半径分布方法研究. 波谱学杂志, 25(2): 273-278.

李剑, 刘朝露, 李志生, 等. 2003. 天然气组分及其碳同位素扩散分馏作用模拟实验研究. 天然气地球科学, 14(6): 463-468.

李伟, 秦胜飞, 胡国艺, 等. 2001. 水溶气脱溶成藏——四川盆地须家河组天然气大面积成藏的重要机理之一. 石油勘探与开发, 38(6): 662-670.

刘朝露, 李剑, 方家虎, 等. 2004. 水溶气运移成藏物理模拟实验技术. 天然气地球科学, 15(1): 32-36.

刘洛夫, 朱毅秀, 胡爱梅, 等. 2002. 滨里海盆地盐下层系的油气地质特征. 西南石油学院学报, 24(3): 11-15.

柳广弟, 赵忠英, 孙明亮, 等. 2012. 天然气在岩石中扩散系数的新认识. 石油勘探与开发, 39(5): 559-565.

柳少波, 鲁雪松, 洪峰, 等. 2016. 松辽盆地 CO_2 天然气成藏机制与分布规律. 北京: 科学出版社.

罗晓容. 2001. 油气初次运移的动力学背景与条件. 石油学报, 22(6): 24-29.

罗蛰潭. 1985. 油层物理. 北京: 地质出版社.

马东民. 2003. 煤储层的吸附特征实验综合分析. 北京科技大学学报, 25(4): 291-294.

马新华, 王涛, 庞雄奇, 等. 2004. 深盆气高孔渗富气区块成因机理物理模拟实验与解析. 石油实验地质, 26(4): 383-388.

马永海. 1991. 介绍一种新的润湿性测定方法-Wilhelmy 动力板法. 石油勘探与开发, (1): 93-96.

庞雄奇, 金之钧, 姜振学, 等. 2003. 深盆气成藏门限及其物理模拟实验. 天然气地球科学, 14(3): 207-214.

秦积舜, 李爱芬. 2006. 油层物理学. 东营: 中国石油大学出版社.

邱楠生, 万晓龙, 金之钧, 等. 2003. 渗透率级差对透镜状砂体成藏的控制模式. 石油勘探与开发, 30(3): 48-52.

曲志浩, 孙卫, 倪方天, 等. 1992. 风化店油田火山岩油藏微观模型自吸水驱油研究. 石油学报, 13(3): 52-61.

沈平平. 1995. 油层物理实验技术. 北京: 石油工业出版社.

宋立忠, 李本才, 王芳. 2007. 松辽盆地南部扶余油层低渗透油藏形成机制. 岩性油气藏, 19(2): 57-61.

隋立伟, 方世虎, 孙永河, 等. 2014. 柴达木盆地西部狮子沟-英东构造带构造演化及控藏特征. 地学前缘, 21(1): 261-270.

孙卫. 1994. 油田注入水中悬浮固体颗粒提取实验及研究方法. 西北大学学报(自然科学版), 24(1): 73-75.

孙永河, 吕延防, 付晓飞, 等. 2007. 库车拗陷北带断裂输导效率及其物理模拟实验研究. 中国石油大学学报(自然科学版), 31(6): 135-151.

孙永祥. 1992. 再探地下水对气藏形成的影响. 石油勘探与开发, 19(3): 41-56.

王胜. 2009. 用核磁共振分析岩石孔隙结构特征. 新疆石油地质, 30(6): 768-770.

温晓红, 周拓, 胡勇. 2010. 致密岩心中气体渗流特征及影响因素实验研究. 石油实验地质, (6): 592-595.

谢润成, 周文, 晏宁平. 2010. 致密低渗砂岩储层质量控制因素研究——以靖边气田盒 8 段为例. 石油实验地质, (2): 120-128.

杨泰, 汤良杰, 余一欣, 等. 2015. 滨里海盆地南缘盐构造相关油气成藏特征及其物理模拟. 石油实验地质, 37(2): 246-258.

杨正明, 张英芝, 郝明强, 等. 2006. 低渗透油田储层综合评价方法. 石油学报, 27(2): 64-67.

曾溅辉. 2000. 正韵律砂层中渗透率级差对石油运移和聚集影响的模拟实验研究. 石油勘探与开发, 27(4): 102-105.

曾溅辉, 王洪玉. 1999. 输导层和岩性圈闭中石油运移和聚集模拟实验研究. 中国地质大学学报: 地球科学, 24(2): 193-196.

曾溅辉, 王洪玉. 2000. 层间非均质砂层石油运移和聚集模拟实验研究. 石油大学学报(自然科学版), 24(4): 108-111.

曾溅辉, 王洪玉. 2001a. 反韵律砂层石油运移模拟实验研究. 沉积学报, 19(4): 592-597.

曾溅辉, 王洪玉. 2001b. 静水条件下背斜圈闭系统石油运移和聚集模拟实验及机理分析. 地质论评, 47(6): 590-595.

曾溅辉, 金之钧, 王伟华. 1997. 油气二次运移和聚集实验模拟研究现状与发展. 石油大学学报(自然科学版), 21(5): 94-97.

张发强, 罗晓容, 苗盛, 等. 2003. 石油二次运移的模式及其影响因素. 石油实验地质, 25(1): 69-75: 159-167.

张发强, 罗晓容, 苗盛, 等. 2004. 石油二次运移优势路径形成过程实验及机理分析. 地质科学, 39(2): 159-167.

张洪, 庞雄奇, 姜振学. 2004. 物理模拟实验在天然气成藏研究中的应用——以柴达木盆地北缘南八仙和马海气田成藏过程为例. 地质论评, 50(6): 644-648.

张璐, 谢增业, 王志宏, 等. 2015. 四川盆地高石梯—磨溪地区震旦系—寒武系气藏盖层特征及封闭能力评价. 天然气地球科学, 26(5): 796-804.

张善文, 曾溅辉. 2003. 断层对沾化凹陷馆陶组石油运移和聚集影响的模拟实验研究. 中国地质大学学报: 地球科学, 28(2): 185-190.

张云峰, 付广, 王艳君, 等. 2000. 天然气古扩散系数的恢复方法及其应用. 东北石油大学学报, 24(4): 5-7.

赵卫卫, 查明. 2011. 陆相断陷盆地岩性油气藏成藏过程物理模拟及机理初探. 岩性油气藏, 23(6): 37-43.

赵文杰. 2009. 利用核磁共振测井资料计算平均孔喉半径. 油气地质与采收率, 16(2): 43-45.

赵志魁, 张金亮, 赵占银. 2009. 松辽盆地南部坳陷湖盆沉积相和储层研究. 北京: 石油工业出版社.

郑可, 徐怀民, 陈建文, 等. 2013. 低渗储层可动流体核磁共振研究. 现代地质, 27(3): 711-718.

周波, 金之钧, 罗晓容, 等. 2008. 油气二次运移过程中的运移效率探讨. 石油学报, 29(4): 522-526.

周惠忠, 王利群. 1994. 二维油藏物理模拟装置. 清华大学学报(自然科学版), 34(3): 74-82.

朱如凯, 赵霞, 刘柳红, 等. 2009. 四川盆地须家河组沉积体系与有利储集层分布. 石油勘探与开发, 36(1): 46-55.

邹才能, 等. 2011. 非常规油气地质. 北京: 地质出版社.

Azmi A S, Yusup S, Muhamad S. 2006. The influence of temperature on adsorption capacity of Malaysian coal. Chemical Engineering and Processing, 45(5): 392-396.

Berg R R. 1975. Capillary pressures in stratigraphic traps. AAPG Bulletin, 59(5): 939-956.

Bonham L C. 1978. Solubility of methane in water at elevated temperatures and pressure. AAPG Bulletin, 62(12): 2478-2481.

Bustin R M, Bustin A M M, Cui X, et al. 2008. Impact of shale properties on pore structure and storage characteristics//Proceedings of society of Petroleum Engineers Shale Gas Production Conference. Texas: Society of Petroleum Engineers.

Byerlee J. 1978. Friction of rocks. Pure & Applied Geophysics, 116(4-5): 615-626.

Catalan L, Xiaowen F, Chatzis I, et al. 1992. An Experiment Study of Secondary Oil Migration. AAPG Bulletin, 76(3): 638-650.

Clarkson C R, Bustin R M. 2000. Binary gas adsorption/desorption isotherms: Effect of moisture and coal composition upon carbon dioxide selectivity over methane. International Journal of Coal Geology, 42(4): 241-271.

Curtis M E, Ambrose R J, Sondergeld C H. 2010. Structural characterization of gas shales on the micro-and nano-scales. Calgary: Society of Petroleum Engineers.

Day S, Sakurovs R, Weir S. 2008. Supercritical gas sorption on moist coals. International Journal of Coal Geology, 74(3): 203-214.

Dembicki H J, Anderson M J. 1989. Secondary migration of oil phase alon limited conduits. AAPG Bulletin, 73(8): 1018-1021.

Donohue M D, Aranovich G L. 1998. Classification of Gibbs adsorption isotherms. Advances in Colloid and Interface Science, 76: 137-152.

Emmons W H. 1924. Experiments on accumulation of oil in sands. AAPG Bulletin, (5): 103-104.

Evans J P. 1995. Chester F M. Fluid-rock interaction in faults of the San Andreas system: inferences from San Gabriel fault rock geo-chemistry and microstructures. Journal of Geophysical Research, 100(B7): 13007-13020.

Faulkner D R, Jackson C A L, Lunn R J, et al. 2010. A review of recent developments concerning the structure, mechanics and fluid flow properties of fault zones. Journal of Structural Geology, 32(11): 1557-1575.

Hubbert M K. 1953. Entrapment of petroleum under hydrody-namic conditions. AAPG Bulletin, 37(8): 1954-2026.

Illing V C. 1933. The migration of oil and natural gas. Journal of Petroleum Technology, 19(4): 229-260.

Kohlstedt D L, Evans B, Mackwell S J. 1995. Strength of the lithosphere: Constraints imposed by laboratory experiments. Journal of Geophysical Research: Solid Earth, 100(B9): 17587-17602.

Krooss B M, Leythaeuser D, Schaefer R G. 1992. The quantification of diffusive hydrocarbon losses through cap rocks of natural gas reservoirs: A reevaluation. AAPG Bulletin, 6(9): 1501-1506.

Krooss B M, van Bergen F, Gensterblum Y, et al. 2002. High-pressure methane and carbon dioxide adsorption on dry and moisture-equilibrated Pennsylvanian coals. International Journal of Coal Geology, 51(2): 69-92.

Langmuir I. 1918. The adsorption of gases on plane surfaces of glass, mica and platinum. Journal of the American Chemical society, 40(9): 1361-1403.

Lenormand R, Zarcone E, Touboul E. 1988. Numberical models and experiments on immiscible displacements in porous media. Journal of Fluid Mechanics, 189: 165-187.

Levy J H, Day S J, Killingley J S. 1997. Methane capacities of Bowen Basin coals related to coal properties. Fuel, 76(9): 813-819.

Mcauliffe C D. 1979. Oil and gas migration-chemical and physical constraints. AAPG Bulletin, (5): 761-781.

Meakin P, Wagner G, Vedvik A. 2000. Invasion percolation and secondary migration: Experiment sand simulations. Marine and Petroleum Geology, 17: 777-795.

Munn M J. 1909. The anticlinal and hydraulic theories of oil and gas accumulation. Economic Geology, 4(6): 509-529.

Myrvang A. 2001. Rock Mechanics. Trondheim Norway University of Technology(NTNU).

Palmer I, Mansoori J. 1998. How permeability depends on stress and pore pressure in coalbeds: A new model. SPE Reservoir Evaluation & Engineering, 1(6): 539-544.

Price L C. 1976. Aqueous solubity of petroleum as applied to its origin and primary migration. AAPG Bulletin, 60(2): 213-243.

Ross D J K, Bustin R M. 2009. The importance of shale composition and pore structure upon gas storage potential of shale gas reservoirs. Marine and Petroleum Geology, 26(6): 916-927.

Schowalter T T. 1979. Mechanics of secondary hydrocarbon migration and entrapment. AAPG Bulletin, 63(5): 723-760.

Sondergled C H, Newsham K E, Comisky J T, et al. 2010. Petrophysical considerations in evaluating and producing shale gas resources. SPE131768.

Thomas M M. 1995. Clouse J A. Scaled physical model of secondary oil migration. AAPG Bulletin, 79(1): 19-28.

Tokunaga T, Mogi K, Matsubara O, et al. 2000. Buoyancy and interfacial force effects on two-phase displacement patterns: An experimental study. AAPG Bulletin, 84(1): 65-74.